Planimetrie

mit einem Abriß über die Kegelschnitte

Ein Lehr- und Übungsbuch
zum Gebrauche an technischen Mittelschulen

von

Dr. Adolf Heß
Professor am kantonalen Technikum in Winterthur

Zweite Auflage

Mit 207 Textfiguren

Springer-Verlag Berlin Heidelberg GmbH
1920

ISBN 978-3-662-42107-9   ISBN 978-3-662-42374-5 (eBook)
DOI 10.1007/978-3-662-42374-5

Vorwort.

Dieses Buch, aus einer mehrjährigen Unterrichtspraxis herausgewachsen, ist bestimmt für Schüler an technischen Mittelschulen, hauptsächlich Maschinenbauschulen; es wendet sich auch an alle jene, die nach längerem Studienunterbruche ihre Kenntnisse in der elementaren Geometrie auffrischen und erweitern wollen.

Wohl wird überall, beim Eintritt in die technischen Mittelschulen, ein gewisses Maß von geometrischen Kenntnissen gefordert; aber die ungleiche Vorbildung der Schüler verlangt immer wieder eine Behandlung der Geometrie von Anfang an. Die Hauptgedanken bei der Abfassung dieses Leitfadens waren demgemäß: Kurze Wiederholung des elementarsten Stoffes der Geometrie; Erweiterung bis zu dem Wissensumfange, wie er von jedem Techniker verlangt werden darf; beständige Rücksicht auf die wirklichen Verhältnisse; Vermeidung rein theoretischer Künsteleien und unnützen Ballastes.

Das Hauptgewicht wird auf die Übungen und Beispiele verlegt; die Resultate sind überall angegeben; einzelne Beispiele werden ausführlich besprochen. Zeichnung und Rechnung greifen beständig ineinander über. Der Stoff ordnet sich um einige wenige in den Mittelpunkt gerückte Hauptsätze. Das Buch will nicht ein fertiges Wissen geben; es will den Lernenden, wie ich hoffe, auf anregende Art, oft auf dem Wege des Neuentdeckens, zum selbständigen Denken, zum verständnisvollen Anpacken geometrischer Probleme, zum Können und dadurch zum sichern Wissen hinanführen.

Das rechtwinklige Koordinatensystem wird oft verwendet, teils zur Veranschaulichung des Zusammenhangs zweier Größen („proportional, umgekehrt proportional, proportional dem Quadrate"), teils zum Vergleichen von Näherungs- und genauen Formeln. Viel Gewicht wird auf die Größen am Einheitskreis gelegt, vor allem auf das Bogenmaß eines Winkels, das in den Schulen gewiß mit Unrecht vernachlässigt wird. Dem Buche sind Tabellen über Bogenlängen, Sehnen, Bogenhöhen, Segmente beigegeben.

Inhaltsverzeichnis.

Soll das geometrische Zeichnen nicht zum geistlosen Nachzeichnen bestimmter Vorlagen herabgewürdigt werden, so muß es mit dem Geometrieunterricht aufs innigste verknüpft werden; erst von diesem erhält es seinen lebendigen Inhalt. Linearzeichnen und Geometrie sind in diesem Buche zu einem Fache verschmolzen. Zum Übungsstoff im geometrischen Zeichnen rechne ich übrigens auch die graphische Darstellung der Funktionen auf Millimeterpapier.

Den Übergang zu den Kegelschnitten bildet ein Abschnitt über affine Figuren. Bei der Behandlung der Kegelschnitte wird vom rechtwinkligen Koordinatensystem in zweckmäßiger Weise Gebrauch gemacht. Die Ellipse wird zuerst als affine Figur des Kreises, die Hyperbel als Bild der Funktion $y = \dfrac{a\,b}{x}$ vorgeführt.

Zum Verständnis des Buches werden nur die einfachsten Kenntnisse der Algebra verlangt, Gleichungen ersten Grades und rein quadratische Gleichungen. Von den Logarithmen wird kein Gebrauch gemacht, dagegen werden die abgekürzten Rechenoperationen ausschließlich verwertet.

Die zweite Auflage unterscheidet sich von der ersten nur durch einige Verbesserungen und Kürzungen.

Winterthur, im Oktober 1919.

Der Verfasser.

<blockquote>„Nicht die Menge des Gelernten ist die Bildung, sondern die Kraft und Eigentümlichkeit, womit sie angeeignet wurde und zur Beurteilung eines Vorliegenden verwendet wird.“   Paulsen.</blockquote>

§ 1. Über Winkel.

Bewegt sich ein Punkt von einem Anfangspunkte A aus immer in der gleichen Richtung weiter (Fig. 1), so beschreibt er

Fig. 1.   Fig. 2.

eine gerade Linie g, die auf einer Seite, bei A, begrenzt ist, auf der andern Seite beliebig lang gedacht werden kann. Man nennt eine solche einseitig begrenzte Linie einen Strahl. Ein durch zwei Punkte A und B begrenztes Stück einer geraden Linie heißt eine Strecke (Fig. 2). Oft ist es zweckmäßig, die Richtung von A nach B von der Richtung von B nach A zu unterscheiden. Eine Strecke, bei der man auf die Länge und auf die Richtung achtet, heißt Vektor. Statt „gerade Linie“ schlechthin sagt man oft nur „Gerade“.

   a) Parallelverschiebung und Drehung eines Strahls. Zwei in einer Ebene liegende Gerade, die sich nicht schneiden,

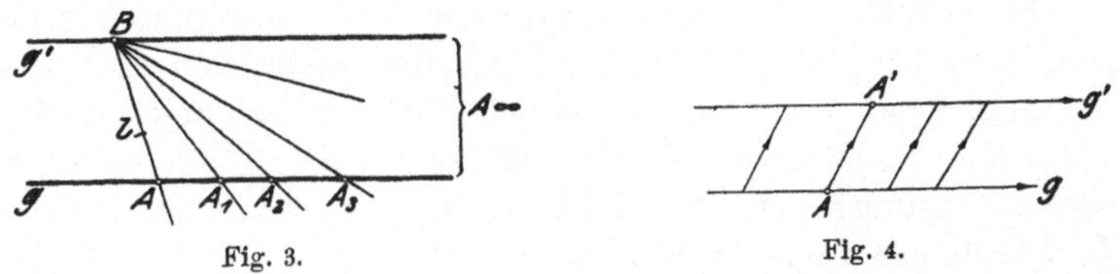

Fig. 3.   Fig. 4.

soweit man sie auch verlängert, sind parallel, z. B. g und g' in Fig. 3. Jede durch B gehende Gerade, die von g' verschieden ist, schneidet g in einem Punkte (A). Dreht man die Gerade l um B in dem Sinne der Figur, so durchwandert A auf g der Reihe nach die Punkte A_1, A_2, A_3 ... Ist schließlich, wie man zu sagen pflegt, der Schnittpunkt unendlich (∞) weit weg, dann fällt l mit g' zusammen. Statt zu sagen: „Zwei Gerade sind einander parallel" bedient man sich oft der Redeweise: „Zwei Gerade gehen durch den gleichen unendlich fernen Punkt" oder „Zwei Gerade haben die gleiche Richtung". Der Strahl g in Fig. 4 kann mit dem **parallelen** Strahl g' auch zur Deckung gebracht werden, indem man alle Punkte auf g um gleich viel und in der gleichen Richtung $A A'$ verschiebt. **Durch eine Parallelverschiebung erhält ein Strahl wohl eine andere Lage, aber keine andere Richtung.**

In Fig. 5 sind zwei gleich gerichtete Strahlen g und l mit ihrem Anfangspunkte A aufeinander gelegt. Wir halten g fest

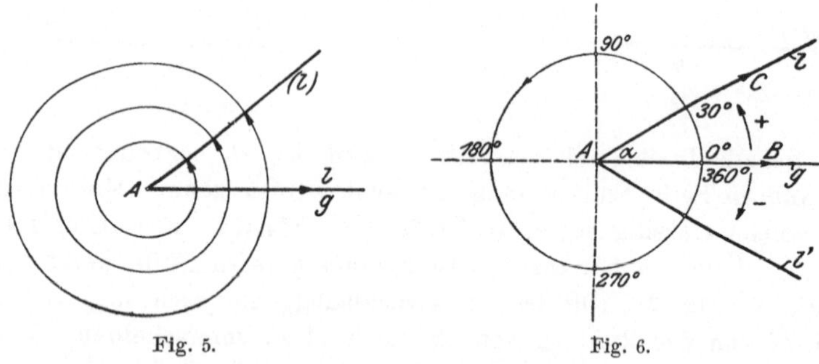

Fig. 5.   Fig. 6.

und drehen l um A, in dem in der Figur angegebenen Sinne, in der Papierebene einmal rings herum. Jeder Punkt auf l beschreibt dabei eine geschlossene Kreislinie mit dem Mittelpunkt in A. **Durch Drehung wird die Richtung eines Strahles geändert.**

b) Winkelmaß. Um ein Maß für den Richtungsunterschied zweier Strahlen g und l (Fig. 6) zu erhalten, denke man sich einen beliebigen Kreis um A in 360 gleiche Teile zerlegt und die Teilpunkte der Reihe nach mit den Zahlen 0^0, 1^0, 2^0 ... 360^0 bezeichnet. Anfangs- und Endpunkt der Teilung liegen auf g. Geht l z. B. durch den Teilpunkt 30^0, so sagt man: g schließe mit l einen **Winkel von 30 Grad** (30^0) ein. g und l heißen die **Schenkel**, A ist der **Scheitel** des Winkels. Die Bezeichnung 30^0 ist kein Maß für die Länge des Kreisbogens, der zwischen den Schenkeln g und l liegt, sondern nur für den Richtungsunterschied der beiden Strahlen.

Um auch kleinere Richtungsunterschiede bequem angeben zu können, teilt man jeden Grad in 60 Minuten (60′) und jede Minute in 60 Sekunden (60″).[1]

Die üblichen Schreibweisen für den Winkel zwischen g und l in Fig. 6 sind: $\sphericalangle\, g\, l = 30^0$; oder $\alpha = 30^0$ (gelesen: Alpha $= 30^0$, siehe das griechische Alphabet am Schlusse des Buches); oder $\sphericalangle\, BAC = 30^0$; dabei bezeichnet der mittlere Buchstabe A den Scheitel; B und C sind beliebige Punkte auf g und l.

Dreht man in Fig. 6 g um den Winkel 30^0 nach oben, also dem Drehungssinn des Uhrzeigers entgegengesetzt, so fällt g auf l. Dreht man dagegen g um den gleichen Winkel nach unten, so kommt g mit l' zur Deckung. Diese beiden Drehrichtungen müssen oft auseinandergehalten werden. Ganz willkürlich setzt man etwa den Drehungssinn, der dem des Uhrzeigers entgegengesetzt ist, als den positiven, den anderen als den negativen fest. Die Winkel werden dadurch Größen mit „Vorzeichen". Wenn wir den Ausgangsstrahl in der Winkelbezeichnung zuerst schreiben, dann ist $\sphericalangle\, g\, l = 30^0$; $\sphericalangle\, g\, l' = -\,30^0$ oder $+\,330^0$; $\sphericalangle\, l'\, g = 30^0 = -\,330^0$ usw. Bei den gewöhnlichen Aufgaben der Planimetrie hat man jedoch auf diese Unterscheidungen nicht zu achten.

Nach einer neuen Winkelteilung entspricht einer vollen Umdrehung ein Winkel von 400^0; jeder Grad hat 100 Minuten, jede Minute 100 Sekunden. Der Vorteil dieser Zentesimalteilung gegenüber der Sexagesimalteilung macht sich namentlich bei Umrechnungen von Grad in Minuten und Sekunden geltend. In der Maschinentechnik ist heute die alte, oben besprochene Winkelteilung noch vorherrschend.

In § 10 werden wir noch ein anderes Winkelmaß, das Bogenmaß kennen lernen, das in enge Beziehung zum Messen von Längen gebracht werden kann.

Ein rechter Winkel mißt 90^0. Die Schenkel stehen senkrecht
($\perp$) aufeinander.

Ein spitzer Winkel ist kleiner ($<$) als 90^0.

Ein stumpfer Winkel ist größer ($>$) als 90^0 und kleiner ($<$)
als 180^0.

Ein gestreckter Winkel mißt 180^0.

---

[1] Auf einem Kreise von 100 m Radius wären zwei aufeinanderfolgende Teilpunkte für die Sekunden noch nicht einmal einen halben Millimeter voneinander entfernt.

Zwei Winkel, deren Summe 90° beträgt, heißen Komplementwinkel. Ergänzen sich zwei Winkel zu 180°, so werden sie Supplementwinkel genannt.

Zwei Winkel, die den Scheitelpunkt und einen Schenkel gemeinsam haben und deren andere Schenkel nach entgegengesetzten Richtungen in einer Geraden liegen, heißen Nebenwinkel (Fig. 7).

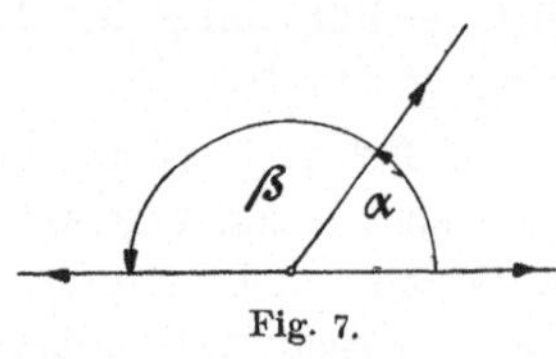

Fig. 7.

Die Summe zweier Nebenwinkel beträgt 180°. Zwei Nebenwinkel sind also immer Supplementwinkel, aber nicht immer sind zwei Supplementwinkel auch Nebenwinkel.

c) Parallelverschiebung und Drehung eines Winkels. Verschiebt man einen Winkel in der Papierebene so, daß kein Schenkel eine Richtungsänderung erfährt, dann sagt man, der Winkel sei „parallel verschoben“ worden. Der Winkel hat sich bei dieser Parallelverschiebung nicht geändert. Ebensowenig ändert sich ein Winkel, wenn man ihn dreht, d. h. wenn man beide Schenkel um den Scheitel im gleichen Sinne und um gleich viel dreht.

Ein Winkel wird in seiner Größe weder durch Parallelverschiebung noch durch Drehung geändert.

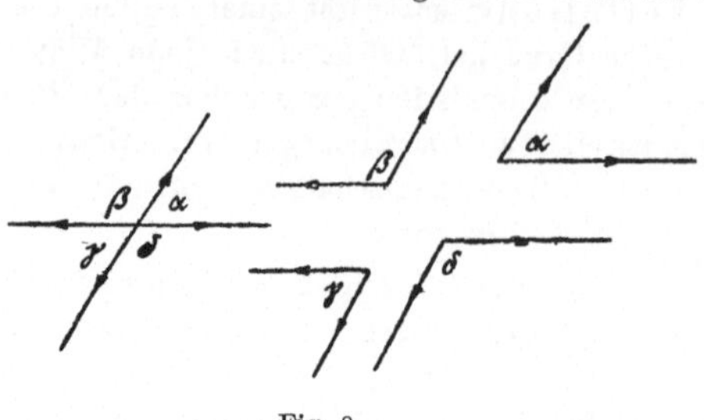

Fig. 8.

Die Winkel α und γ, sowie β und δ links in der Fig. 8 werden Scheitelwinkel genannt. Durch Drehung um 180° kann man α mit γ und β mit δ zur Deckung bringen. Scheitelwinkel sind gleich.

Durch Parallelverschiebung mögen die 4 Winkel α, β, γ, δ links in der Fig. 8 in die gleichbezeichneten Winkel rechts in der gleichen Figur übergeführt werden. Alle 4 Winkel rechts haben paarweise parallele Schenkel. Beachtet man nur das Parallelsein, nicht aber die Richtung der Schenkel, so kann man sagen: Winkel mit paarweise parallelen Schenkeln sind gleich oder sie ergänzen sich zu 180°. Wann trifft das eine und wann das andere zu?

Die beiden Geraden g und l links in der Fig. 9 sind je um 90° im positiven Drehungssinn in die Lage $g'l'$ gedreht und dann durch Parallelverschiebung in die Lage $g''l''$ rechts übergeführt

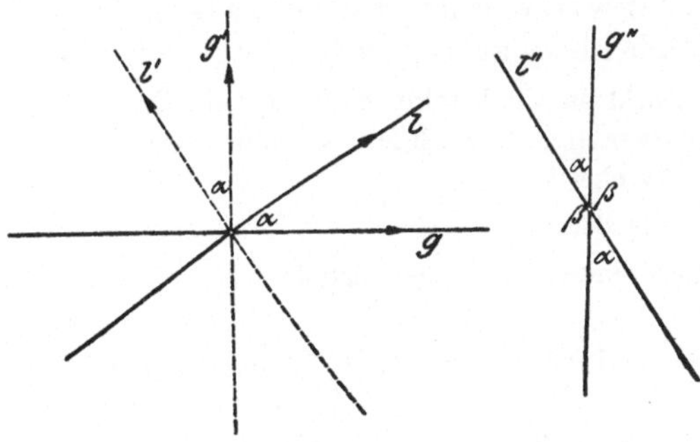

Fig. 9.

worden. Die Figur lehrt: **Winkel mit paarweise aufeinander senkrecht stehenden Schenkeln sind gleich oder sie ergänzen sich zu 180°** ($g'' \perp g$; $l'' \perp l$). Man versuche festzustellen, wann das eine und wann das andere zutrifft.

d) Winkelsumme in einem Dreieck. Außenwinkel. Die Winkel x, y, z der Fig. 10 heißen Außenwinkel des Dreiecks. Wir denken uns die Gerade g um den Punkt C im positiven Sinne in die Lage l gedreht, dann im gleichen Sinne um den Punkt B in die Lage m und schließlich um A in die Anfangslage g zurück. Da g eine vollständige Umdrehung gemacht hat, ist $x + y + z = 360°$. Anderseits ist

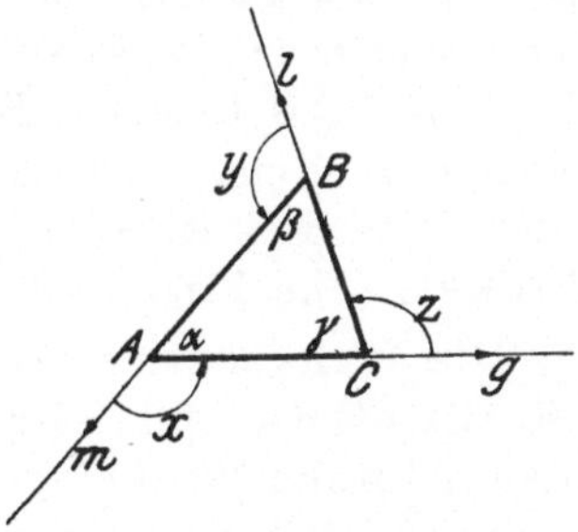

Fig. 10.

$$(\alpha + x) + (\beta + y) + (\gamma + z) = 3 \cdot 180° = 540°.$$
Subtrahiert man hiervon $x + y + z = 360°$,

so erhält man
$$\alpha + \beta + \gamma = 180°,$$

d. h. die Summe der drei Winkel eines beliebigen Dreiecks beträgt 180°.

Da $\alpha + \beta + \gamma = 180^{\circ}$, ist $\alpha + \beta = 180 - \gamma$; anderseits ist nach der Figur $180 - \gamma = z$, daher ist

$$\alpha + \beta = z; \text{ ebenso ist } \alpha + \gamma = y \text{ und } \beta + \gamma = x,$$

d. h. jeder Außenwinkel eines Dreiecks ist gleich der Summe der beiden ihm nicht anliegenden Innenwinkel.

Mit Rücksicht auf die Winkel teilt man die Dreiecke ein in recht-, stumpf- und spitzwinklige, je nachdem sie einen rechten, einen stumpfen oder nur spitze Winkel haben.

Überlege die Sätze:

Ein Außenwinkel ist immer größer als ein nicht anliegender Innenwinkel.

Ein Dreieck kann nur einen rechten oder nur einen stumpfen Winkel haben.

Kennt man zwei Winkel eines Dreiecks, so kann der dritte berechnet werden. Die beiden spitzen Winkel eines rechtwinkligen Dreiecks sind Komplementwinkel.

e) Gleichschenkliges Dreieck. Spiegelung (Achsensymmetrie). Die Linie g in der Fig. 11 steht senkrecht zur Strecke AB und geht durch deren Mittelpunkt M. Der beliebige Punkt C auf g ist mit A und B verbunden. Die Dreiecke AMC und BMC sind genau gleich groß. Denkt man sich nämlich das Papier längs g gefaltet und umgelegt, so kommt das eine Dreieck offenbar genau auf das andere zu liegen. Demnach ist $AC = BC$ und $\alpha = \beta$. Das Dreieck ABC hat somit zwei gleiche Seiten und zwei gleiche Winkel. Es wird ein gleichschenkliges Dreieck genannt. AB heißt Grundlinie, die gleichen Seiten heißen Schenkel. Die Figur lehrt uns folgendes:

Die Winkel an der Grundlinie eines gleichschenkligen Dreiecks sind gleich, oder: Gleichen Seiten eines Dreiecks liegen gleiche Winkel gegenüber. Die Verbindungslinie der Spitze (C) mit dem Mittelpunkt (M) der Grundlinie steht senkrecht auf dieser und halbiert den Winkel an der Spitze ($\gamma = \delta$). Wenn ein Dreieck zwei gleiche Winkel hat, so hat es auch zwei gleiche Seiten.

Man überlege die Sätze: Ein Dreieck mit gleichen Winkeln hat auch gleiche Seiten (gleichseitiges Dreieck). Sind alle Seiten voneinander verschieden, so sind auch die Winkel ungleich (ungleichseitiges Dreieck).

Von dem Punkte B in Fig. 11 sagt man auch, er sei das Spiegelbild des Punktes A in bezug auf die Gerade (Achse) g. A und B liegen symmetrisch, genauer orthogonal (d. h. rechtwinklig) symmetrisch zur Symmetrieachse g.

In Fig. 12 sind zwei symmetrische Dreiecke ABD und $A'B'D'$ gezeichnet. Die Verbindungsstrecken AA', BB', DD' zweier symmetrischer Punkte stehen senkrecht zur Symmetrieachse g und werden durch sie halbiert. Symmetrische Linien treffen sich, wenn sie genügend verlängert werden, in einem Punkte der Symmetrieachse. So AB und $A'B'$ in C; AD und $A'D'$ in E. Symmetrische Figuren können immer durch Umklappung um die Symmetrieachse zur Deckung gebracht werden.

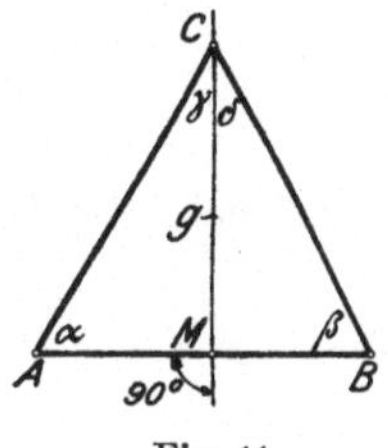

Fig. 11.

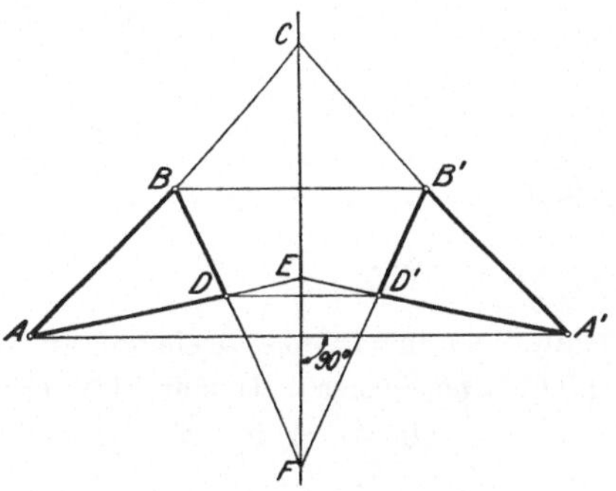

Fig. 12.

f) Weitere Beziehungen zwischen Seiten und Winkeln eines Dreiecks.

1. In jedem Dreieck ist die Summe zweier Seiten größer als die dritte Seite.

2. Die Differenz zweier Seiten ist kleiner als die dritte Seite; denn sind a, b und c die Seiten des Dreiecks und ist etwa $a \geqq b \geqq c$ ($\geqq$ heißt: größer oder gleich), dann ist nach (1) $a < b + c$, somit $a - b < c$ und $a - c < b$. Ferner ist $b < a + c$, also $b - c < a$.

3. Der größeren Seite eines Dreiecks liegt immer der größere Winkel gegenüber und umgekehrt. In dem Dreieck der Fig. 13 sei AC größer als AB; wir wollen zeigen, daß β größer als γ ist. Wir machen $AD = AB$; dann ist $\triangle ABD$ gleichschenklig und die Winkel x an BD sind gleich. Nun ist

$\beta > x$ (links), da x ein Teil von β ist,

$x > \gamma$ (rechts), da x als Außenwinkel des Dreiecks BDC größer als γ ist.

Es ist also $\beta > x > \gamma$, also sicher $\beta > \gamma$, was wir beweisen wollten.

Die Seite, die dem rechten Winkel eines rechtwinkligen Dreiecks gegenüber liegt, heißt Hypotenuse, die beiden andern nennt man Katheten. Warum ist die Hypotenuse die längste Seite des Dreiecks?

g) Winkelsumme eines Vielecks. Jede Strecke, die zwei nicht aufeinander folgende Ecken eines Vielecks verbindet, heißt eine **Diagonale.** Es ist immer möglich, ein Vieleck durch passende

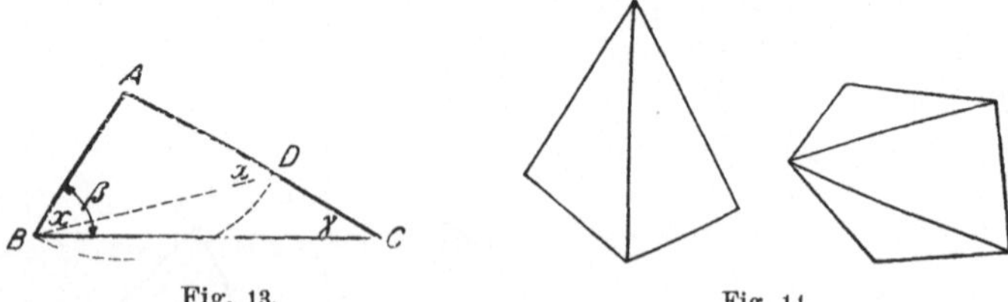

Fig. 13.   Fig. 14.

Diagonalen so in einzelne Dreiecke zu zerlegen, daß sich die Dreiecke nicht überdecken. So läßt sich (Fig. 14)

ein 4-Eck in 2 Dreiecke zerlegen,
„ 5 „ „ 3 „ ,
„ 6 „ „ 4 „ , allgemein,
„ n „ „ $n-2$ „ .

Die Winkelsumme in jedem Dreieck beträgt 180°; daher ist die Summe der Winkel in einem Viereck 2.180 oder 360°, in einem Fünfeck 3.180° oder 540°. Allgemein: In jedem n-Eck beträgt die Winkelsumme $(n-2).180°$.

Ein Viereck, dessen Gegenseiten parallel sind, heißt ein Parallelogramm (Fig. 15). Die Gegenwinkel α und γ, sowie β und δ sind gleich; warum? — Ist daher ein Winkel des Parallelogramms ein rechter, so ist es jeder. Ein Parallelogramm mit nur rechten Winkeln heißt ein Rechteck. Wenn wir in der Folge kurz von einem Parallelogramm sprechen, so soll darunter kein Parallelogramm besonderer Art, etwa mit gleichen Winkeln oder gleichen Seiten, verstanden werden.

h) Peripherie und Zentriwinkel. Die Linie s in Fig. 16 heißt Sehne; g heißt Sekante des Kreises. Jeder Winkel, dessen

Scheitel im Mittelpunkt des Kreises liegt, heißt Zentri- oder Mittelpunktswinkel (α). s ist die zum Winkel α gehörige Sehne, b ist der zugehörige Bogen. Zu gleichen Sehnen eines Kreises gehören gleiche Bogen und gleiche Zentriwinkel. Liegt der Scheitel eines Winkels auf der Kreislinie, der Peripherie, und sind seine Schenkel Sekanten, so heißt er Peripheriewinkel, z. B. der

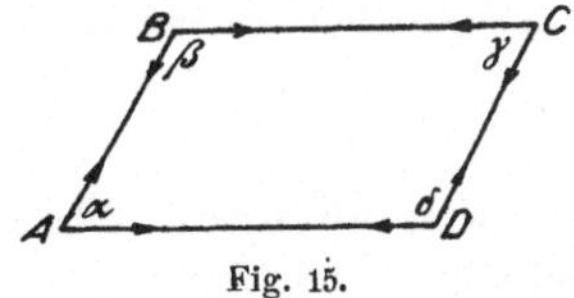

Fig. 15.

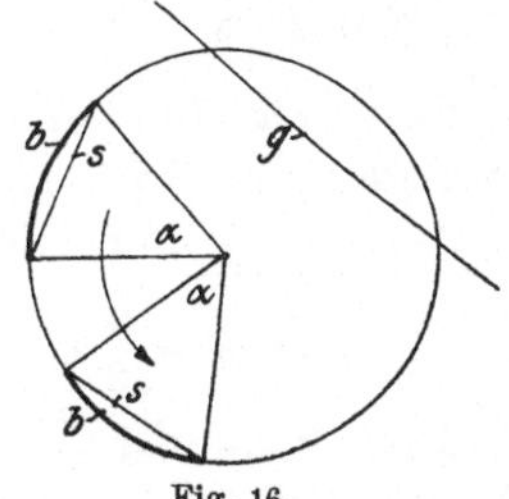

Fig. 16.

Winkel $ACB = \beta$ in den Fig. 17 und 19. Die Winkel α und β in diesen Figuren stehen über dem gleichen Bogen. Über Peripherie- und Zentriwinkel gilt der wichtige Satz:

Jeder Peripheriewinkel ist die Hälfte des Zentriwinkels, der mit ihm über dem gleichen Bogen steht.

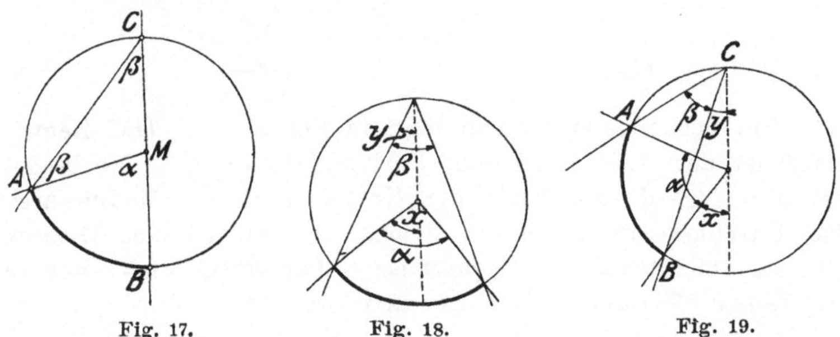

Fig. 17. Fig. 18. Fig. 19.

Beweis. Wir unterscheiden 3 Fälle, die in den Fig. 17, 18 und 19 vorliegen.

1. Fall (Fig. 17). Ein Schenkel (BC) des Peripheriewinkels β geht durch das Zentrum. $\triangle AMC$ ist gleichschenklig! Die Winkel an der Grundlinie AC sind gleich. α ist als Außenwinkel des Dreiecks AMC gleich $\beta + \beta$; es ist also $\alpha = 2\beta$ oder $\beta = \dfrac{\alpha}{2}$, was zu beweisen war.

2. Fall (Fig. 18). Die gestrichelte Hilfslinie führt diesen Fall auf den ersten zurück. Nach Fall 1 ist:

$x = 2y$ und

$\alpha - x = 2\,(\beta - y) = 2\beta - 2y$. Die Addition der Gleichungen liefert:

$$\alpha = 2\beta \text{ oder } \beta = \frac{\alpha}{2}.$$

3. Fall (Fig. 19). Wieder nach dem 1. Fall ist:

$\alpha + x = 2\,(\beta + y) = 2\beta + 2y$ und

$x = 2y$. Durch Subtraktion der Gleichungen erhält man:

$$\alpha = 2\beta \text{ oder } \beta = \frac{\alpha}{2}.$$

Hieraus folgt (Fig. 20): **Alle Peripheriewinkel, die auf dem gleichen Bogen stehen, sind gleich groß;** denn jeder ist die Hälfte des gleichen Zentriwinkels α.

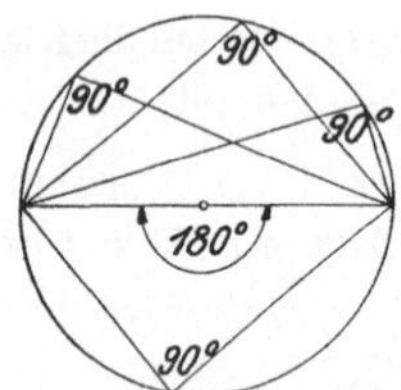

Fig. 20.   Fig. 21

Ein bemerkenswerter Fall liegt in Fig. 21 vor. Der Zentriwinkel ist dort 180°, somit jeder Peripheriewinkel 90°. Verbindet man also irgend einen Punkt der Kreislinie mit den Endpunkten eines Durchmessers, so entsteht immer ein rechtwinkliges Dreieck mit dem Durchmesser als Hypotenuse. Man drückt dies auch so aus: **Jeder Winkel im Halbkreis mißt 90°.**

i) Sehnenviereck (Kreisviereck). Jedes Viereck, dessen Ecken auf einem Kreise liegen, dessen Seiten also Sehnen sind, heißt ein Sehnen- oder Kreisviereck. Der Kreis ist dem Viereck umbeschrieben. Die Vierecke, denen man einen Kreis umbeschreiben kann, haben eine Eigenschaft, die keinem andern Viereck zukommt. Sind nämlich α und β zwei gegenüberliegende Winkel des Sehnenvierecks (Fig. 22), so sind die zugehörigen Zentriwinkel 2α und 2β und es ist $2\alpha + 2\beta = 360$, also:

$$\alpha + \beta = 180°.$$

In jedem Sehnenviereck beträgt die Summe zweier
Gegenwinkel 180⁰.

k) Tangente. Tangentensehnenwinkel. Für den Kreis
ist jeder Durchmesser eine Symmetrieachse; denn durch
Umklappen um irgend einen Durch-
messer kann der eine Halbkreis mit dem
andern zur Deckung gebracht werden.
In Fig. 23 verbindet die Gerade g die
beiden Punkte A und B, die in bezug
auf den Durchmesser PQ symmetrisch
liegen. g steht also senkrecht zu PQ.
Verschiebt man g parallel zu sich selbst
nach oben (oder unten), so rücken die
Punkte A und B einander entgegen, bis

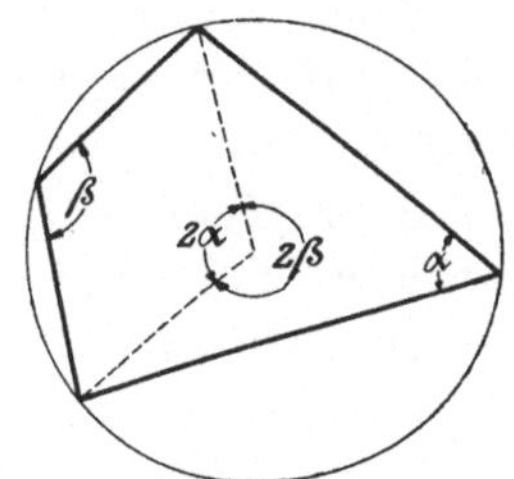

Fig. 22.

sie sich schließlich in P (oder Q) begegnen. Die Sekante g ist zur
Tangente (t oder t') geworden. MP heißt der Berührungsradius. Da t zu g parallel ist, steht t senkrecht zu MP In
jedem Punkte P eines Kreises gibt es nur eine Tangente;
sie steht senkrecht auf dem Berührungsradius. Die

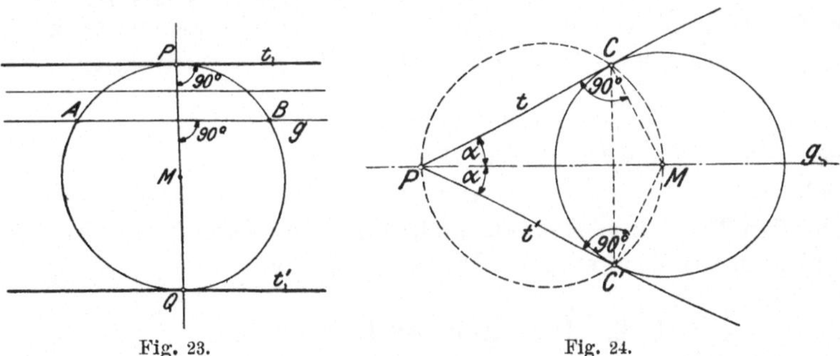

Fig. 23.   Fig. 24.

Tangenten in den Endpunkten eines Durchmessers sind
parallel.

In Fig. 24 ist von einem Punkt P außerhalb des Kreises
eine Tangente t an den Kreis gezogen. Die durch P und M
gehende Sekante g ist eine Symmetrieachse des Kreises. Die zu
t symmetrische Linie t' ist auch eine Tangente an den Kreis und
im besonderen ist $PC = PC'$. (Warum ist das Viereck $PCMC'$
ein Kreisviereck?)

Von einem außerhalb eines Kreises liegenden Punkte *(P)* gibt es zwei Tangenten an den Kreis. Die Tangentenabschnitte (vom Punkte P bis zu den Berührungspunkten) sind gleich lang.

Die Sekante *(g)* vom Punkte *(P)* durch den Mittelpunkt *(M)* des Kreises halbiert den Winkel zwischen den Tangenten.

Der Kreis mit dem Durchmesser PM geht durch die Berührungspunkte C und C'.

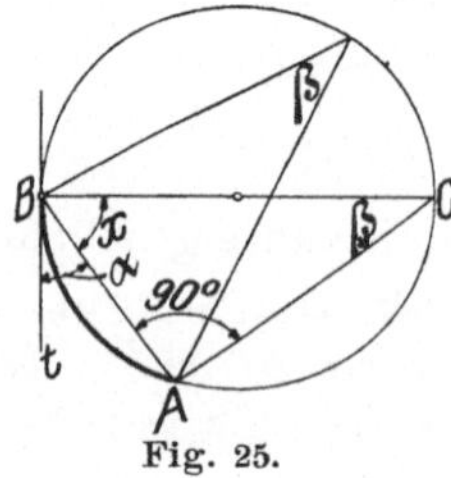

Fig. 25.

Mit Hilfe dieses Kreises durch P und M können die Berührungspunkte C und C' ermittelt werden, bevor die Tangenten gezeichnet sind.

Ein Winkel, der von einer Tangente und einer durch den Berührungspunkt gehenden Sehne gebildet wird, heißt ein Tangentensehnenwinkel. z. B. α in Fig. 25. Der Bogen AB des Kreises liegt zwischen den Schenkeln des Winkels α und denen des Peripheriewinkels β. BC ist ein Durchmesser des Kreises und steht daher senkrecht zu t. Das Dreieck ABC ist nach Abschnitt h rechtwinklig. Es ist also

$$\alpha + x = 90° \text{ oder } \alpha = 90 - x$$
und
$$\beta + x = 90° \quad „ \quad \beta = 90 - x,$$
somit ist
$$\alpha = \beta,$$

d. h.: Ein Tangentensehnenwinkel ist gleich dem Peripheriewinkel über dem eingeschlossenen Bogen.

§ 2. Übungen und Beispiele.

1. Prüfe: $\alpha)$ $18° 26' = 1106' = 66360''$, $\beta)$ $36° 59' = 2219' = 133140''$, $\gamma)$ $119° 24' = 7164' = 429840''$.

2. Ebenso: $\alpha)$ $4236'' = 1° 10' 36''$ $\beta)$ $521623'' = 144° 53' 43''$. $\gamma)$ $10846'' = 3° 0' 46''$.

3. Prüfe: $\alpha)$ $24° 19' 32'' = 24,3256°$, $0,7384° = 44' 18''$, $\beta)$ $110° 35' 44'' = 110,5956°$, $57,2958° = 57° 17' 45''$, $\gamma)$ $7' 48'' = 0,13°$, $0,77° = 46' 12''$, $\delta)$ $53' 24'' = 0,89°$, $0,004° = 14,4''$.

4. Alte und neue Winkelteilung. Wir bezeichnen einen Grad der neuen Teilung mit g. $360°$ der alten Teilung sind $400g$ der neuen, oder 9^0 der alten sind 10^g der neuen. Die Gradzahl eines Winkels in neuer Teilung ist das $\dfrac{10}{9}$-fache der Gradzahl in alter Teilung.

Beispiele. $68^0\,15' = 68,25 \cdot \dfrac{10}{9} = 75,8333^g = 75^g\,83'\,33''$ (n. T.)

$$30^0 = 33,333^g \qquad\qquad 58'\,(\text{a. T.}) = 1,07\,407^g$$
$$118^0 = 131,111^g \qquad\qquad 35^g = 31^0\,30'$$
$$20'\,(\text{a. T.}) = 0,37037^g \qquad\qquad 130^g = 117^0$$
$$54'\,(\text{a. T.}) = 1^g \qquad\qquad 10,23^g = 9^0\,12'\,25''.$$

Zur bequemen Umrechnung gibt es Tabellen.

5. Ist $\alpha = 18^0\,15'\,26''$ und $\beta = 11^0\,41'\,12''$, so ist $\alpha + \beta = 29^0\,56'\,38''$ $\alpha - \beta = 6^0\,34'\,14''$.

6. Aus $x + y = 32^0\,14'$ und $x - y = 18^0\,56'$ folgt $x = 25^0\,35'$ und $y = 6^0\,39'$.

7. Aus $\alpha = 15^0\,18'$ folgt $6\alpha = 91^0\,48'$ und $\alpha : 4 = 3^0\,49'\,30''$.

8. Berechne den Nebenwinkel von a) 32^0; b) $115^0\,12'$; c) $38^0\,52'\,44''$. Resultate: 148^0; $64^0\,48'$; $141^0\,7'\,16''$.

9. Ein spitzer Winkel eines rechtwinkligen Dreiecks mißt $38^0\,15'$; wie groß ist der andere? ($51^0\,45'$.)

10. β sei ein Winkel an der Grundlinie, α der Winkel an der Spitze eines gleichschenkligen Dreiecks.
    Ist $\beta = 63^0\,15'$ $\quad \beta = 7^0\,28'\,24''$ $\quad \alpha = 22^0$ $\quad \alpha = 70^0\,50'$, dann ist
    $\quad \alpha = 53^0\,30'$ $\quad \alpha = 165^0\,3'\,12''$ $\quad \beta = 79^0$ $\quad \beta = 54^0\,35'$.

11. α, β, γ seien die drei Winkel eines Dreiecks.
    Zu $\alpha = 30^0$; $\beta = 70^0$ gehört $\gamma = 80^0$.
    „ $\alpha = 62^0\,10'$; $\beta = 110^0\,58'$ gehört $\gamma = 6^0\,52'$.
    „ $\alpha = 48^0\,12'\,36''$; $\beta = 81^0\,48'\,12''$ gehört $\gamma = 49^0\,59'\,12''$.

12. Ein Außenwinkel eines Dreiecks mißt $70^0\,12'$, ein nicht anliegender Innenwinkel $40^0\,50'$. Wie groß sind die beiden anderen Winkel des Dreiecks? ($109^0\,48'$; $29^0\,22'$.)

13. Beweise: Die Halbierungslinien a) zweier Nebenwinkel, b) zweier Winkel an einer Seite eines Parallelogramms stehen aufeinander senkrecht.

14. Beweise: Die Halbierungslinien der spitzen Winkel eines beliebigen rechtwinkligen Dreiecks schneiden sich unter einem Winkel von 135^0.

15. In jedem regelmäßigen n-Eck sind alle Winkel und alle Seiten gleich.
    Beweise: Der Winkel zwischen zwei aufeinander folgenden Seiten ist
    $$\alpha = 180^0 - \dfrac{360}{n}.$$
    Man erhält für ein

3-Eck: $\alpha = 60^0$, $\qquad$ 6-Eck: $\alpha = 120^0$, $\qquad$ 9-Eck: $\alpha = 140^0$,

4-Eck: $\alpha = 90^0$, $\qquad$ 7-Eck: $\alpha = 128^0\,34'\,17''$, $\qquad$ 10-Eck: $\alpha = 144^0$,

5-Eck: $\alpha = 108^0$, $\qquad$ 8-Eck: $\alpha = 135^0$, $\qquad\qquad$ usw.

16. Beim Zeichnen auf dem Zeichenbrett (Reißbrett) benutzt man außer
der Zeichenschiene (Reißschiene) ein Dreieck mit den Winkeln 90°,
45°, 45° und ein anderes mit den Winkeln 90°, 60°, 30°. Solche
Dreiecke können verwendet werden, weil sich ein Winkel weder beim
Parallelverschieben noch beim Drehen ändert. In den Fig. 26 und 27

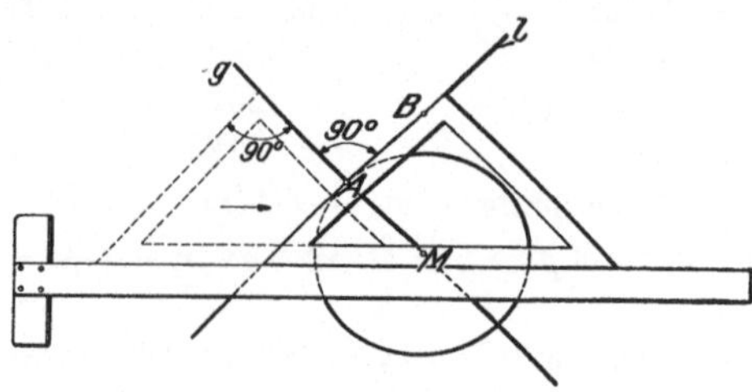

Fig. 26.

ist die erste Lage des Dreiecks gestrichelt, die zweite ausgezogen.
Fig. 26 zeigt, wie man:

    a) in einem beliebigen Punkte A einer Geraden g ein Lot (eine
       Normale) l errichtet,

    b) von einem Punkte B ein Lot l auf g fällt,

    c) in einem Punkte A eines Kreises eine Tangente zieht.

    Dabei ist die Hypotenuse an die Reißschiene gelegt und das
Dreieck parallel verschoben worden. In Fig. 27 hat man zuerst eine

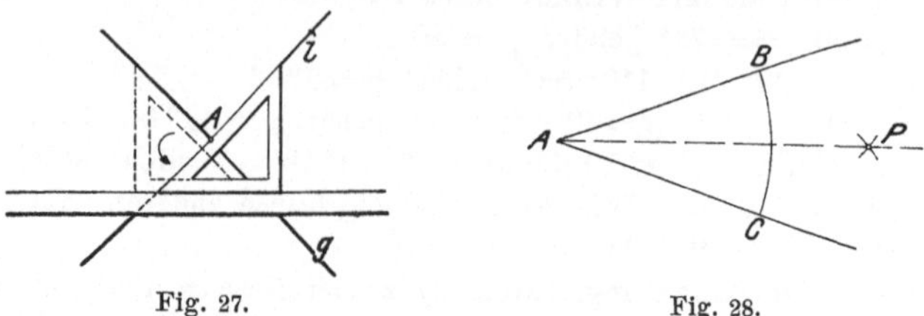

Fig. 27.   Fig. 28.

Kathete an die Reißschiene gelegt und nachher das Dreieck um
90° gedreht $(g \perp l)$.

17. Fig. 28 zeigt, wie man einen Winkel halbiert. Mache $AB = AC$
und $BP = CP$. Die Kreisbogen sollen sich in P möglichst rechtwinklig schneiden. PA ist die Winkelhalbierende. P und A sollen
möglichst weit auseinander liegen! Begründe die Konstruktion
(§ 1, Abschnitt e).

18. Fig. 29 zeigt, wie man den Mittelpunkt einer Strecke AB finden
kann. In Fig. 30 ist r als die Hälfte von AB geschätzt worden.

Man kann leicht die Reststrecke CD in M halbieren. M ist auch der Mittelpunkt von AB.

19. Beweise: Der Radius eines Kreises läßt sich genau sechsmal als Sehne auf dem Umfange abtragen (regelmäßiges Sechseck).

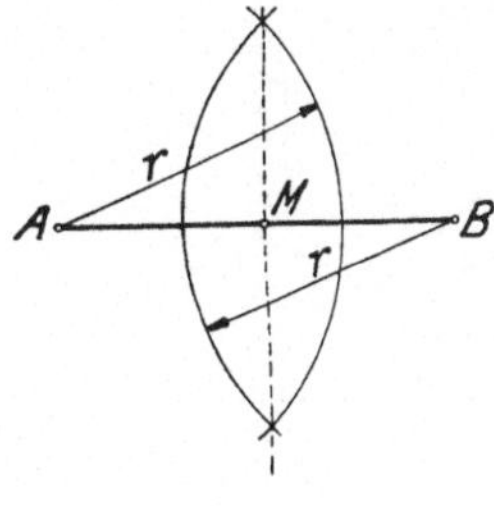

Fig. 29.

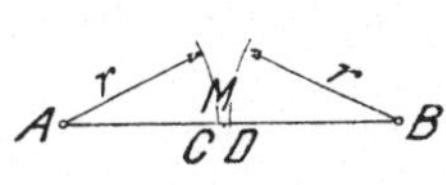

Fig. 30.

20. Begründe die in Fig. 31 gezeichnete Konstruktion für die Dreiteilung eines rechten Winkels. Einfacher gestaltet sich die Dreiteilung mit Hilfe des Dreiecks von 30° und 60°. — Eine ähnliche genaue Konstruktion für die Dreiteilung eines beliebigen Winkels gibt es nicht und kann es nicht geben.

21. Jedes Viereck, dessen Seiten Tangenten an einem Kreis sind, heißt ein Tangentenviereck (Fig. 32). Jede der 4 Seiten wird durch

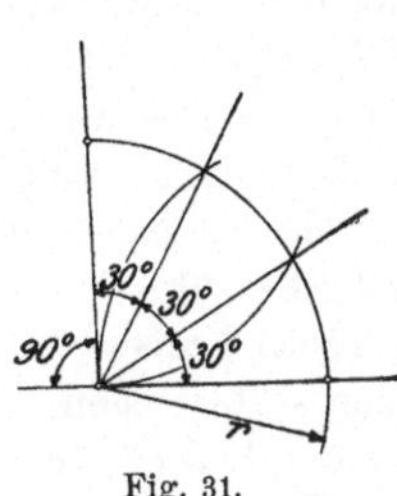

Fig. 31.

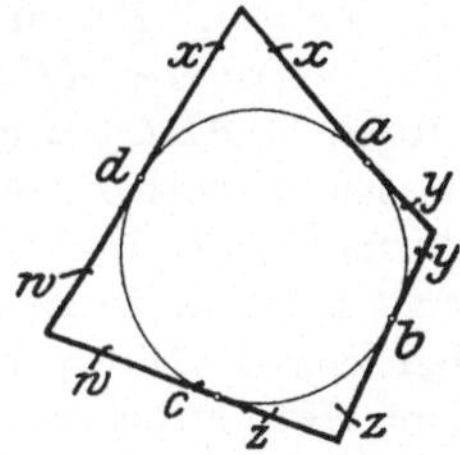

Fig. 32.

die Berührungspunkte in 2 Abschnitte zerlegt. Die an einer Ecke liegenden Abschnitte sind gleich! Es ist nun:

$$a = x + y \qquad b = y + z$$
$$c = w + z \quad \text{und} \quad d = w + x,$$

demnach ist $a + c = x + y + w + z = b + d$;
also
$$a + c = b + d,$$
d. h. in jedem Tangentenviereck sind die Summen der Gegenseiten einander gleich.

22. In Fig. 33 ist einem Dreieck ein Kreis einbeschrieben. Es sollen die Seitenabschnitte x, y, z, zwischen den Ecken und den Berührungspunkten, aus den Seiten a, b, c des Dreiecks berechnet werden.

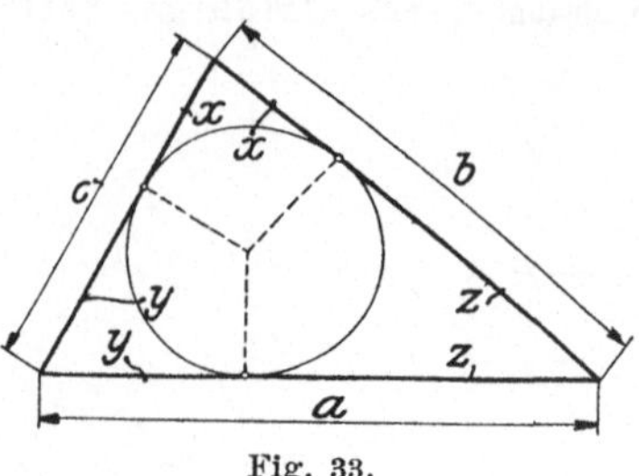

Fig. 33.

Setzt man $x + y + z = \dfrac{a + b + c}{2} = s$ gleich dem halben Umfang des Dreiecks, dann findet man für x, y, z die Werte:

$$x = s - a,$$
$$y = s - b,$$
$$z = s - c,$$

d. h. ein Abschnitt an einer Ecke ist gleich dem halben Umfang des Dreiecks, vermindert um die dieser Ecke gegenüberliegende Seite.

23. Korbbogen. Das Viereck $HBJF$ in Fig. 34 ist ein Rechteck. $HB = a$; $HF = b$. BC und FC halbieren die Winkel α und β $CA \perp BF$. Zeige, daß $\sphericalangle ABC = \sphericalangle ACB$ und $\sphericalangle EFC = \sphericalangle ECF$ ist. Die Dreiecke ABC und ECF sind demnach gleichschenklig. Ein Kreis um A durch B geht daher auch durch C, und ein Kreis um E durch C geht durch F. Die Kreisbogen haben in C eine gemeinsame Tangente, die zu BF parallel ist.

Man kann die Mittelpunkte E und A der Kreisbogen auch auf eine andere Weise bestimmen. Wir werden später sehen, daß C der Mittelpunkt des Kreises ist, der dem Dreieck HBF einbeschrieben werden könnte. Der Kreis würde BF in D berühren.

Nach Aufgabe 22 ist nun $FD = s - a$ und $BD = s - b$. Wir machen $GD = FD = s - a$; dann ist $BG = BD - GD = (s - b) - (s - a) = a - b$.

Hierauf gründet sich die zweite Konstruktion der Mittelpunkte E und A. Wir machen $JK = JF = a$; dann ist $BK = a - b$. Wir machen $BG = BK$, halbieren FG in D und ziehen DA senkrecht zu BF. (Fig. 34 und 35.) Wie man diese Eigentümlichkeiten verwerten kann, zeigt Fig. 35. Sie setzt sich aus 4 Kreisbogen zusammen und führt den Namen „Korbbogen".

24. Die Endpunkte A und B eines Kreisbogens werden mit dem Mittelpunkt M des Kreises verbunden. Der Winkel AMB sei kleiner als 180°. Ziehe in A und B die Tangenten; sie schneiden sich in C.

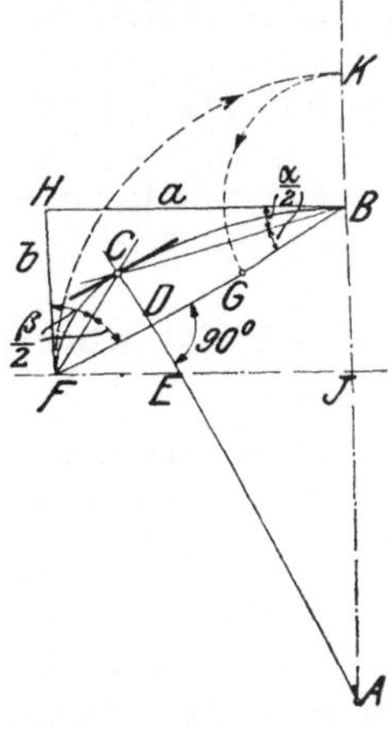

Fig. 34.

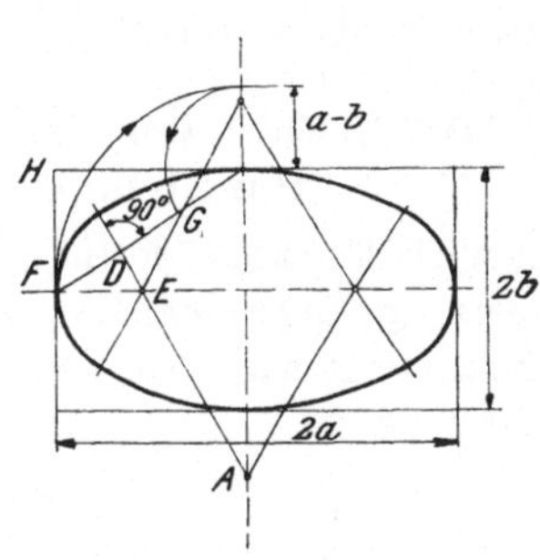

Fig. 35.

Die Gerade CM schneidet den Kreisbogen in D. Ziehe noch AD, BD und AB. Es sei $\sphericalangle AMB = x$; $\sphericalangle BAD = \alpha$; $\sphericalangle BAM = \gamma$; $\sphericalangle ABC = \beta$; $\sphericalangle ACB = \delta$; $\sphericalangle ADB = y$. Berechne aus irgend einem dieser sechs Winkel die fünf andern. Ist z. B. $x = 121°\,40'$, dann ist $\alpha = 30°\,25'$; $\gamma = 29°\,10'$; $\beta = 60°\,50'$; $\delta = 58\ \ 20'$; $y = 119°\,10'$.

25. Jedem regelmäßigen n-Eck läßt sich ein Kreis umbeschreiben. Man beweise: Zieht man in einem regelmäßigen n-Eck alle von einer Ecke ausgehenden Diagonalen, so wird der an dieser Ecke liegende Winkel des n-Ecks in gleiche Teilwinkel zerlegt. Ein Teilwinkel mißt $180°:n$.

26. Konstruktion eines Kreisbogens aus der Sehne und der Pfeilhöhe ohne Benutzung des Mittelpunktes.

In Fig. 36 sei AD $= DB$. Die Sehne AB und die Bogenhöhe (Pfeilhöhe) CD seien gegeben. Man begründe die Richtigkeit der folgenden Konstruktion: Ziehe AC und BC. Schlage um A und B zwei Kreisbogen mit dem beliebigen Radius r. Teile die Bogenstücke GH

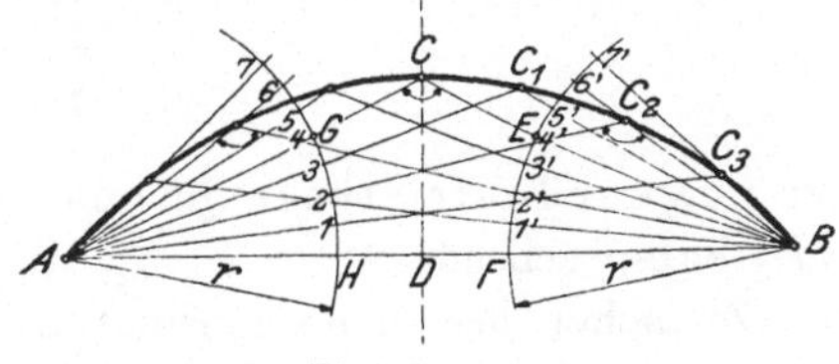

Fig. 36.

und EF in beliebig viele (in der Figur je in 4) gleiche Teile und
führe die Teilung auf den über G und E hinaus verlängerten Bogen
weiter.   Bringe $A\,3$ mit $B\,5'$ in C_1 zum Schnitt; ebenso $A\,2$ mit
$B\,6'$ in C_2 usw.   Die Punkte C_1, C_2, C_3 ... sind Punkte des ver-
langten Kreisbogens.

      Anleitung: Gleichheit der Peripheriewinkel. (Siehe § 14, Auf-
gabe 26.)

27. Zeichne in einen Kreis von 4 cm Radius ein Dreieck mit den Winkeln
    30^0, 45^0, 105^0. (Anleitung: Tangentensehnenwinkel.)

§ 3. Kongruenz der Figuren. Zentrische Symmetrie.
Parallelogramm und Trapez.

Zwei Figuren heißen kongruent, wenn sie so aufeinander gelegt werden können, daß sie sich decken.
Statt kongruent sagt man auch „deckungsgleich". Das Zeichen für
kongruent ist ≅.

In Fig. 37 sind drei kongruente Dreiecke gezeichnet. Die
gleichen Linien und Winkel der Figuren sollen entsprechende

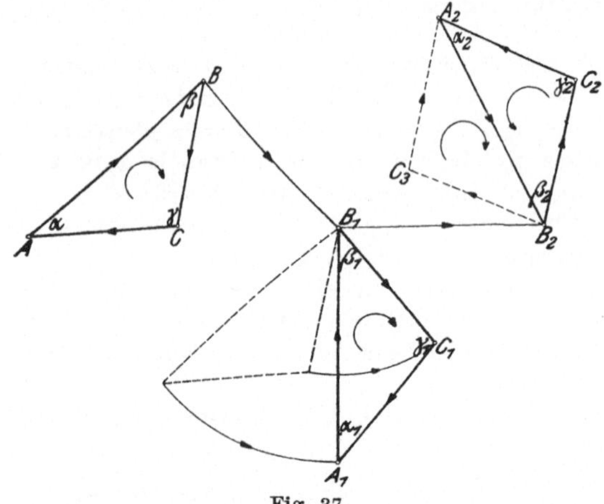

Fig. 37.

oder zugeordnete Stücke genannt werden. So sind AB, $A_1 B_1$,
$A_2 B_2$ entsprechende Seiten, α, α_1, α_2 entsprechende Winkel.

Zwischen den drei kongruenten Dreiecken der Fig. 37 besteht
ein gewisser Unterschied. Wenn wir uns vorstellen, wir schreiten
bei jedem Dreieck auf dem Umfang von A über B und C nach A
zurück, so haben wir uns bei den Dreiecken ABC und $A_1 B_1 C_1$

im Sinne des Uhrzeigers, bei dem Dreieck $A_2B_2C_2$ im entgegengesetzten Sinne um 360° gedreht. Der „Umlaufungssinn" der beiden ersten Dreiecke ist dem des dritten entgegengesetzt. Figuren mit gleichem Umlaufungssinn können immer durch Parallelverschieben und Drehen in der Papierebene zur Deckung gebracht werden. Man denke sich etwa ABC in der Richtung BB_1 verschoben und nachher um B_1 gedreht. Ist der Umlaufungssinn der kongruenten Dreiecke entgegengesetzt, so ist außer der Parallelverschiebung und Drehung noch eine Umklappung, ein Drehen der Figur aus der Papierebene heraus, erforderlich. $A_1B_1C_1$ kann durch Parallelverschieben und Drehen in die Lage $A_2B_2C_3$ und aus dieser durch Umklappen um A_2B_2 in die Lage $A_2B_2C_2$ gebracht werden.

Kongruenzsätze für Dreiecke. Um die Kongruenz zweier Dreiecke nachzuweisen, genügt es, festzustellen, daß die Dreiecke in drei voneinander unabhängigen Stücken übereinstimmen.

Zunächst ist ohne weiteres klar, daß zwei Dreiecke deckungsgleich sind, wenn sie in allen entsprechenden Seiten übereinstimmen. Aus der Gleichheit der Seiten folgt dann auch die Gleichheit der entsprechenden Winkel.

Dreiecke sind auch deckungsgleich, wenn sie in zwei entsprechenden Seiten und dem von diesen eingeschlossenen Winkel übereinstimmen. Denn ist z. B. in Fig. 37 $AB = A_1B_1$ und $BC = B_1C_1$ und $\beta = \beta_1$, so kann man AB mit A_1B_1 decken. Da $\beta = \beta_1$ ist, kommt BC in die Richtung von B_1C_1, und da $BC = B_1C_1$ ist, kommt auch C auf C_1.

Ebenso leicht ist die Deckungsgleichheit zweier Dreiecke einzusehen, wenn die Dreiecke in einer Seite und zwei entsprechenden Winkeln übereinstimmen. (Es sei z. B. $AB = A_1B_1$; $\alpha = \alpha_1$; $\beta = \beta_1$.)

Andere Fälle, in denen Deckungsgleichheit vorhanden ist, lassen wir, als für uns bedeutungslos, außer Betracht. Wir haben also die folgenden Kongruenzsätze für Dreiecke:

Dreiecke sind kongruent, wenn sie übereinstimmen:
1. in allen drei Seiten (s, s, s),
2. in zwei Seiten und dem von ihnen eingeschlossenen Winkel (s, w, s),
3. in einer Seite und zwei entsprechenden Winkeln (w, s, w).

Die in Klammern beigefügten Buchstaben sollen dazu dienen, uns im folgenden bequem auf einen der drei Fälle berufen zu können.

Die Kongruenzsätze sind ein wichtiges Beweismittel der Geometrie. An und für sich haben sie keinen wertvollen Inhalt; erst in den Folgerungen, Schlüssen, die man aus der Kongruenz zweier Dreiecke ziehen kann, kommt ihre Bedeutung zur Geltung.

Warum kann man aus der Gleichheit aller Winkel nicht auf die Kongruenz zweier Dreiecke schließen?

Zentrische Symmetrie. Dreht man das Dreieck SAB in der Fig. 38 um den Punkt S um 180^0, so kommt es in die Lage SA_1B_1 und es ist $AB \parallel A_1B_1$, aber entgegengesetzt gerichtet. SA und SA_1, SB und SB_1 liegen je in einer geraden Linie.

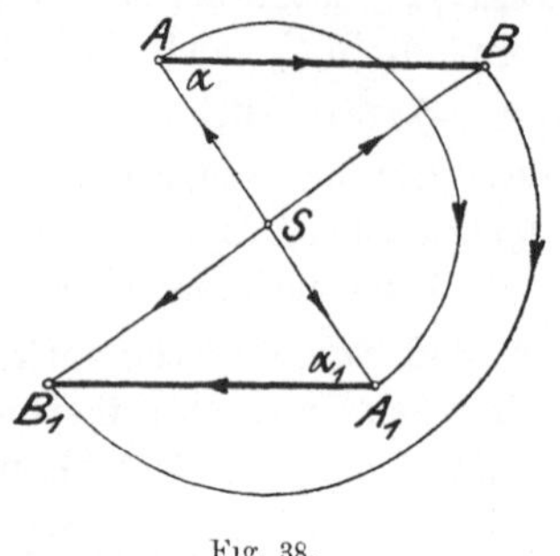

Fig. 38.

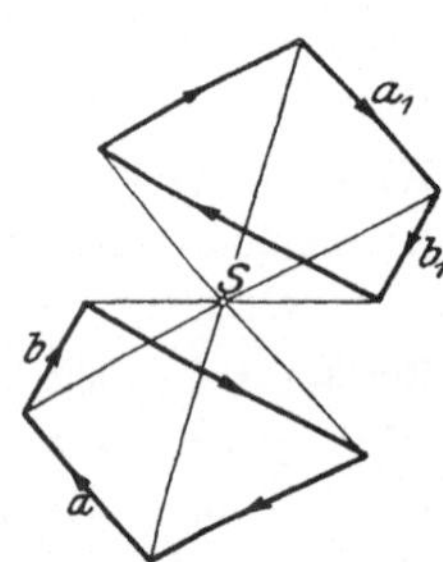

Fig. 39.

In Fig. 39 ist der Punkt S mit den Ecken eines Vierecks verbunden und die ganze Figur um S um 180^0 gedreht worden. $a \parallel a_1$; $b \parallel b_1$ usw. Die Verbindungslinien entsprechender Punkte gehen durch einen Punkt (S) und werden in ihm halbiert. Kongruente Figuren in dieser besonderen Lage heißen zentrisch symmetrisch. S ist das Symmetriezentrum, der Mittelpunkt der ganzen Figur.

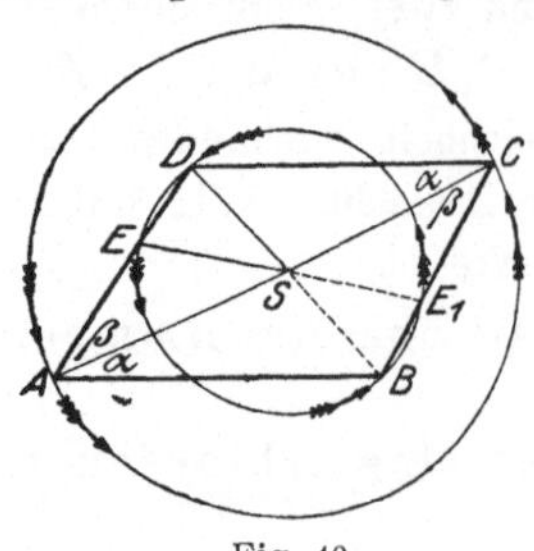

Fig. 40.

Parallelogramm.

1.. Parallelogramm im allgemeinen. Ein Parallelogramm ist ein Viereck mit parallelen Gegenseiten (Fig. 40). Es sei $AS = SC$. Dreht man das Dreieck ADC um 180^0 um S, so kommt es mit dem Dreieck ABC zur Deckung. AC ist eine Diagonale des Parallelogramms. Eine Diagonale zerlegt das Parallelogramm in zwei kongruente Dreiecke. Die Gegenseiten sind einander gleich $(AD = BC; DC = AB)$.

Irgend ein Punkt auf AD oder DC (beachte E und D) kommt nach der Drehung mit einem Punkte auf BC oder AB zur Deckung (E_1 und B) und die Verbindungslinie der entsprechenden Punkte (EE_1; DB) wird in S halbiert, d. h. das Parallelogramm ist eine zentrisch symmetrische Figur. Die Diagonalen halbieren sich. S ist der Mittelpunkt der Figur.

2. Parallelogramme besonderer Art. Sie besitzen alle Eigenschaften des allgemeinen Parallelogramms.

a) Das Rechteck (Fig. 41) ist ein Parallelogramm mit rechten Winkeln. Da nach (1) $AD = BC$; $AB = AB$; $\sphericalangle DAB = \sphericalangle CBA = 90^0$ ist, sind die Dreiecke ABD und ABC kongruent (s, w, s); daher ist $AC = BD$, d. h.: In jedem Rechteck sind die Diagonalen einander gleich. Die Verbindungslinien der Mittelpunkte zweier Gegenseiten sind Symmetrieachsen. Das Rechteck hat zwei Symmetrieachsen.

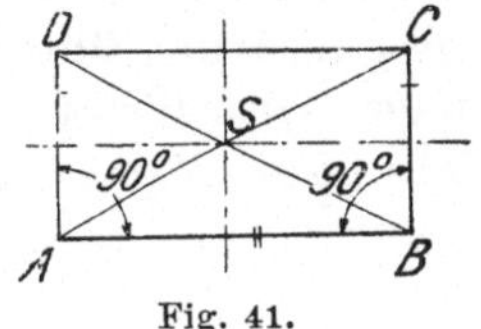

Fig. 41.

b) Der Rhombus (Fig. 42) ist ein Parallelogramm mit gleichen Seiten. Die vier Dreiecke, in die der Rhombus durch die Diagonalen zerlegt wird, sind kongruent (s, s, s). Die Diagonalen sind

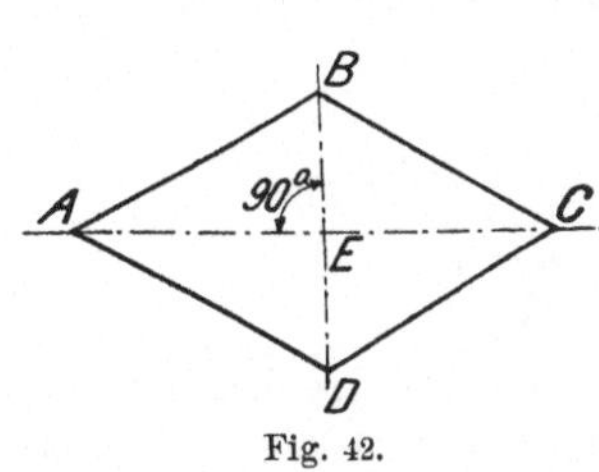

Fig. 42.

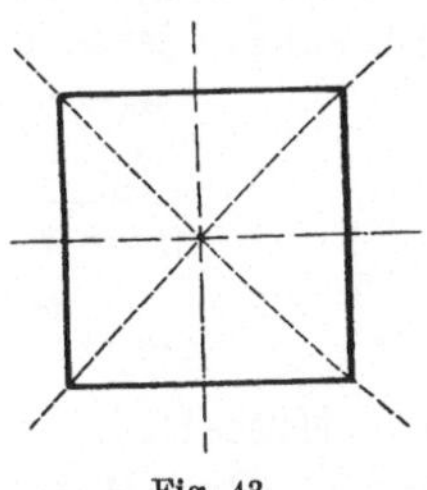
Fig. 43.

Symmetrieachsen; sie halbieren die Winkel des Rhombus und stehen aufeinander senkrecht.

c) Ein Rechteck mit gleichen Seiten wird Quadrat genannt (Fig. 43). Das Quadrat ist auch ein Rhombus; es besitzt demnach alle die genannten Eigenschaften von Rechteck und Rhombus. Ein Quadrat hat vier Symmetrieachsen.

Trapez. Ein Viereck mit nur einem Paar paralleler Gegenseiten heißt Trapez (Fig. 44). Die parallelen Seiten werden

Grundlinien, die beiden andern Schenkel genannt. Der senkrechte Abstand der beiden Parallelen heißt die Höhe des Trapezes. Sind die Schenkel gleich lang, so heißt das Trapez gleichschenklig.

Es sei in Fig. 44 $AC = BC$; $CD \parallel BF$; $HG \parallel AB$; dann sind die Parallelogramme $AHDC$ und $CDGB$ kongruent. Es ist also $DG = DH$. Da ausserdem $\alpha = \alpha_1$ und $\beta = \beta_1$ ist, ist $\triangle EHD \cong \triangle DGF$ (w, s, w). Daher ist auch $EH = GF$ und $ED = DF$, d. h.: Die durch den Mittelpunkt *(C)* des einen Schenkels zu den Grundlinien gezogene Parallele geht auch durch den Mittelpunkt des andern Schenkels. — Da EF nur einen Mittelpunkt *(D)* hat und durch C nur eine Parallele zu den Grundlinien gezogen werden kann, ist die Verbindungslinie der Mittelpunkte der Schenkel immer parallel zu

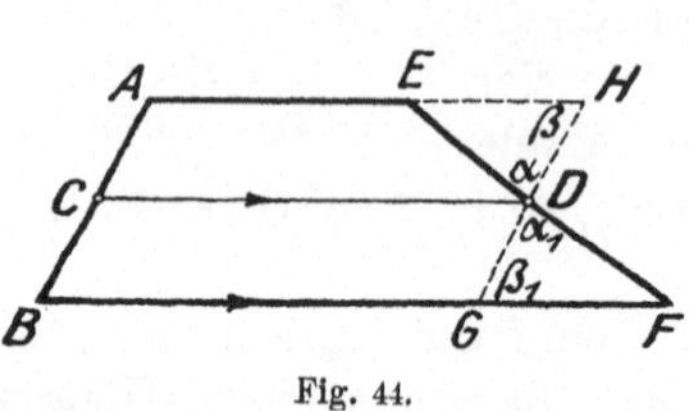

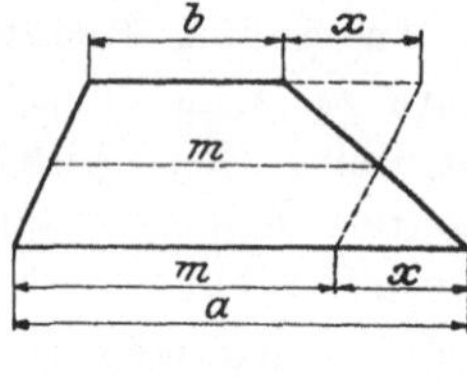

Fig. 44.Fig. 45.

den Grundlinien. CD heißt die Mittellinie des Trapezes. Ihre Länge kann leicht berechnet werden. Aus Fig. 45 folgt:

$$m = b + x$$

und

$$m = a - x,$$

somit ist

$$2m = a + b,$$

also

$$m = \frac{a+b}{2} \text{ und } x = \frac{a-b}{2}.$$

Die Mittellinie eines Trapezes ist die halbe Summe der beiden Parallelen, oder anders ausgedrückt: m ist das arithmetische Mittel der beiden Parallelen.

Wird die eine der Parallelen, z. B. $b = o$, dann wird aus dem Trapez ein Dreieck und die Mittellinie hat die Länge $m = \dfrac{a+o}{2} = \dfrac{a}{2}$,

d. h. die Verbindungslinie der Mittelpunkte zweier Seiten eines Dreiecks ist zur dritten Seite parallel und gleich ihrer Hälfte.

In dem Dreieck AJE der Fig. 46 ist $AB = BC = CD = DE$ gemacht; ferner ist $BF \parallel CG \parallel DH \parallel EJ$. Nach dem Vorhergehenden ist nun in dem Dreieck AGC auch $AF = FG$; in dem Trapez $BFHD$ ist $FG = GH$; daher ist $AF = FG = GH$ usw. Ist demnach eine Dreiecksseite in mehrere gleiche Stücke zerlegt und zieht man durch die Teilpunkte Parallelen zu einer zweiten Seite, dann wird auch die dritte Seite in gleiche Stücke zerlegt.

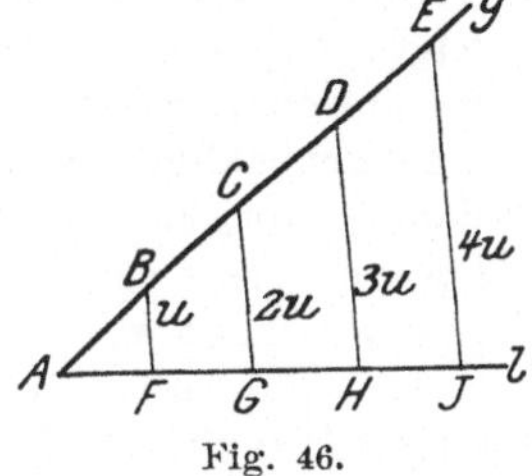

Fig. 46.

Man kann diese Tatsache dazu benutzen, um eine gegebene Strecke in beliebig viele gleiche Teile zu zerlegen. Soll z. B. AH in drei gleiche Teile zerlegt werden, dann ziehe man g durch A beliebig, mache $AB = BC = CD =$ einer beliebigen Strecke, verbinde D mit H und ziehe durch C und B die Parallelen zu DH.

Überlege: Ist $BF = u$, dann ist $CG = 2u$, $DH = 3u$, $EJ = 4u$. Wie verändern sich die Abschnitte der Parallelen, wenn man l parallel zu sich selbst um eine Strecke c nach unten verschiebt?

Übungen. Zeichne:

1. Zwei gleich große Winkel, deren Schenkel nicht paarweise parallel sind.

2. Zwei kongruente unregelmäßige Vierecke, deren entsprechende Seiten nicht parallel sind.

3. Ein Rechteck aus einer Diagonale (9 cm) und einer Seite (4 cm).

4. Ein Quadrat aus einer Diagonale (7 cm).

5. Einen Rhombus α) aus den beiden Diagonalen (8 und 5 cm), β) aus einer Diagonale (7 cm) und dem Winkel (45°) des Rhombus, durch den diese Diagonale geht.

6. Ein Parallelogramm aus den Diagonalen (8 und 5) und einer Seite (3 cm).

7. Ein Trapez mit den Parallelen $a = 7$, $b = 3$, den Schenkeln $c = 2$, $d = 5$ cm.

8. Ein Dreieck aus $a = 8$ cm und α) $b = 5$ cm, $\alpha = 120°$; β) $b = 5$ cm, $\beta = 30°$ (zwei Dreiecke); γ) $b = 4$ cm, $\beta = 30°$; δ) $b = 3$ cm, $\beta = 30°$ α liegt der Seite a, β der Seite b gegenüber.

9. Zeichne zwei sich schneidende Gerade g und l und mehrere in gleichen Abständen aufeinander folgende parallele Linien, die g und l schneiden. Messe irgend zwei der entstandenen Parallelenabschnitte und berechne daraus die übrigen. Prüfe die Rechnung durch Nachmessen an der Zeichnung.

10. Berechne aus den Parallelen a und b eines Trapezes das Stück (x) der Mittellinie, das zwischen den beiden Diagonalen liegt: $x = 0{,}5\,(a - b)$.

11. Verbinde in einem beliebigen Viereck die Mitten je zweier aufeinander folgender Seiten und beweise, daß dadurch ein Parallelogramm entsteht.

12. Stelle Kongruenzsätze auf für rechtwinklige Dreiecke, Parallelogramme, gleichschenklige Trapeze.

13. **Zwei kongruente Figuren mit gleichem Umlaufungssinn können immer durch eine einzige Drehung ineinander übergeführt werden.**

Wir leisten den Nachweis hierfür zunächst für zwei gleich lange Strecken AB und $A_1 B_1$ in Fig. 47. Der Drehpunkt M ist

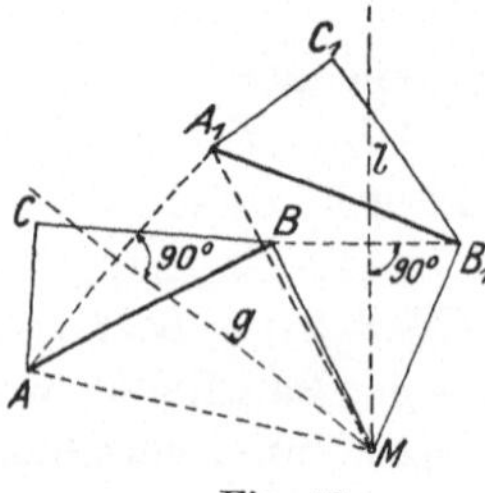

der Schnittpunkt der beiden Lote g und l, die man in der Mitte der Verbindungsstrecken entsprechender Punkte $A A_1$ und $B B_1$ errichten kann; denn es ist $A M = A_1 M$; $B M = B_1 M$ und daher $\triangle A B M \cong \triangle A_1 B_1 M$ (s, s, s). Daher kann das Dreieck $A B M$ durch Drehung um M mit dem Dreieck $A_1 B_1 M$ und daher auch die Strecke $A B$ mit $A_1 B_1$ zur Deckung gebracht werden. — Ist nun C irgend ein dritter Punkt, der mit A und B starr verbunden ist, und ist

Fig. 47.

$\triangle A B C \cong \triangle A_1 B_1 C_1$, so deckt sich nach der Drehung auch C mit C_1. Wo liegt der Drehpunkt M, wenn $A B$ und $A_1 B_1$ parallel sind und gleiche oder entgegengesetzte Richtung besitzen?

§ 4. Einige Konstruktionslinien. Geometrische Örter.

a) Die Mittelsenkrechte einer Strecke (Fig. 48). Darunter verstehen wir das Lot (m), das in der Mitte M einer Strecke AB errichtet werden kann. Jeder beliebige Punkt P auf m hat von den Endpunkten A und B der Strecke die gleiche Entfernung ($PA = PB$), da m die Symmetrieachse der Strecke ist. Jeder Punkt, der nicht auf m liegt, hat von A und B verschiedene Entfernungen. Auf der Mittelsenkrechten liegen demnach **alle** Punkte, die von A und B gleich weit entfernt sind; daher liegen auf ihr die Mittelpunkte aller Kreise, die durch die beiden Punkte A und B gehen.

b) Die Winkelhalbierende (Fig. 49). Jeder einzelne Punkt P auf der Halbierungslinie w_α eines Winkels α hat von den Schenkeln g und l den gleichen Abstand ($PA = PB$); denn klappt man das Dreieck MPA um die Symmetrielinie w_α um, bis l auf g

liegt, so fällt A auf B, da man von P ja nur ein Lot auf g fällen kann. Die Winkelhalbierende enthält alle Punkte, die von den Schenkeln den gleichen Abstand haben; daher

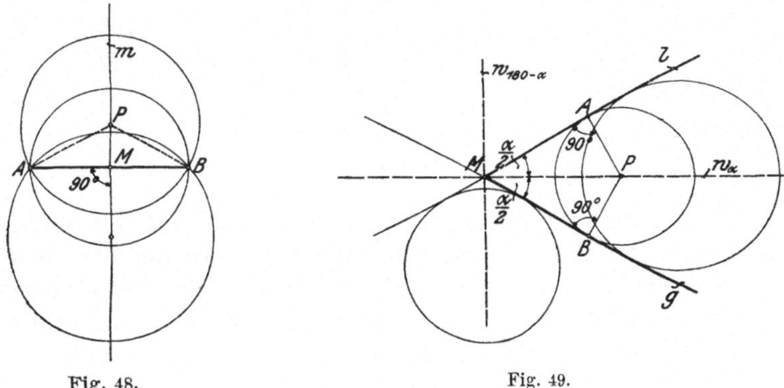

Fig. 48. Fig. 49.

liegen auf ihr die Mittelpunkte aller Kreise, die die beiden Schenkel g und l berühren.

Handelt es sich darum, Kreise zu zeichnen, welche die unbegrenzten Geraden g und l berühren, so ist auch die Winkelhalbierende $w_{180-\alpha}$ des Nebenwinkels von α in Betracht zu ziehen. $w_\alpha \perp w_{180-\alpha}$.

c) Die Parallele (p) zu einer Geraden (g) (Fig. 50). Auf ihr liegen alle Punkte, die von einer Geraden g den gleichen Abstand haben; daher liegen auf ihr die Mittelpunkte M aller Kreise, die g berühren.

d) Konzentrische Kreise. Zwei Kreise können sich höchstens in zwei Punkten schneiden (Fig. 51). Die Verbindungslinie g der Mittel-

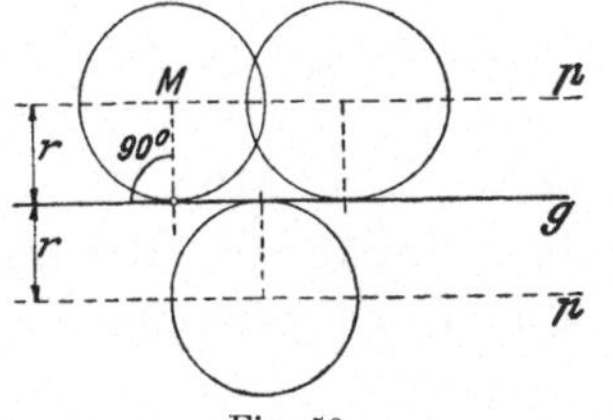

Fig. 50.

punkte M_1 und M_2 ist die gemeinsame Symmetrielinie der beiden Kreise. Die Schnittpunkte A und B sind symmetrische Punkte. $AB \perp g$. g heißt die „Mittelpunktslinie" oder „Zentrale".

Berühren sich zwei Kreise, von außen oder von innen (Fig. 51), so haben sie im Berührungspunkt (C) eine gemeinsame Tangente (t), die auf der Mittelpunktslinie (g)

senkrecht steht. Die Kreise gehen in C „tangential" ineinander über.

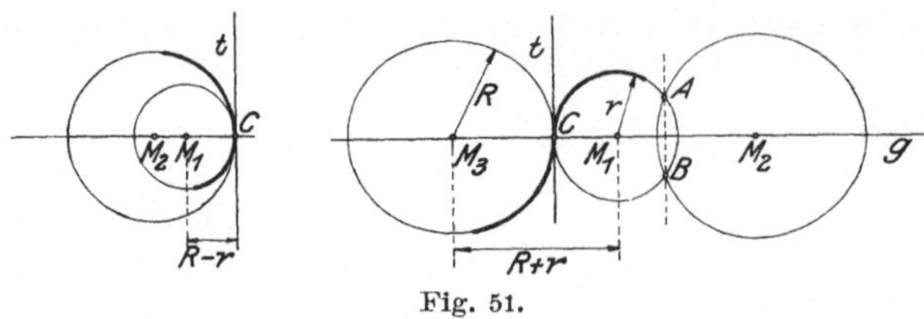

Fig. 51.

Zwei Kreise mit dem gleichen Mittelpunkt M (Fig. 52) heißen
konzentrische Kreise. Die auf einem Radius liegende Strecke x,
die zwei Punkte der verschiedenen Peripherien miteinander
verbindet, mißt den Peripherieabstand. Auf den zu einem
Kreise k konzentrischen Kreisen k_i und k_a liegen die

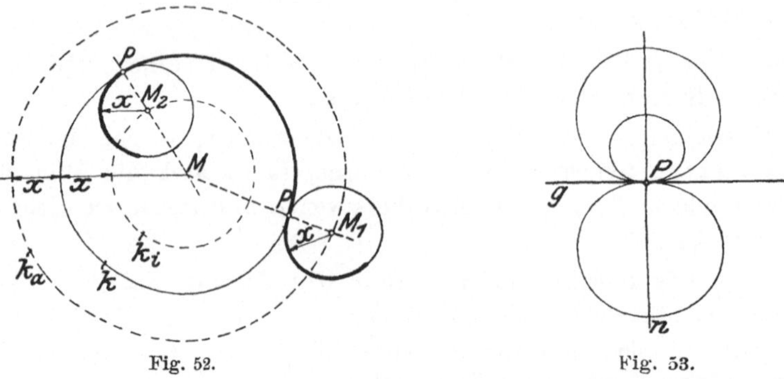

Fig. 52.

Fig. 53.

Mittelpunkte aller Kreise mit dem Radius x, die den
Kreis k berühren. Die Berührungspunkte P liegen immer
auf der Verbindungslinie der Mittelpunkte (MM_1 und MM_2).

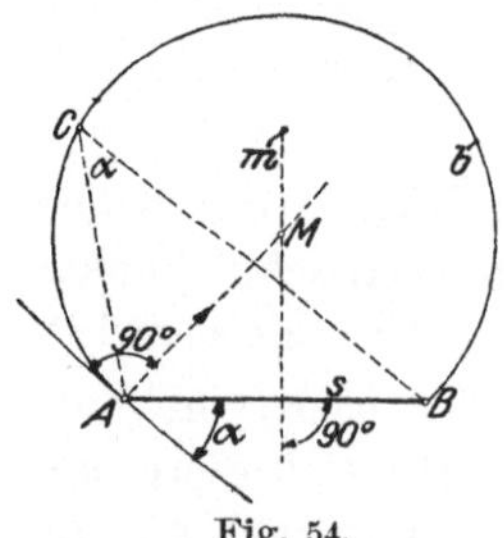

Fig. 54.

e) **Das Lot (n)**, die Normale, in einem
Punkte *(P)* einer Geraden *(g)* (Fig. 53)
enthält die Mittelpunkte aller Kreise, die
g in P berühren.

f) **Der Halbkreis** (oder der ganze
Kreis) über einer Strecke als Durchmesser.
Auf ihm liegen die Scheitel aller rechten
Winkel, deren Schenkel durch die End-
punkte der Strecke gehen (§ 1, Fig. 21).

g) Der Kreisbogen *(b)*, der zu einer gegebenen Sehne *(s)* und einem bestimmten Peripheriewinkel (α) gehört (Fig. 54). Auf ihm liegen alle Punkte, von denen aus die Strecke s unter dem Winkel α gesehen wird. Fig. 54 zeigt, wie man einen solchen Kreisbogen b konstruieren kann, wenn s und α gegeben sind. (Siehe § 1, Fig. 25.)

Jede Linie (oder Fläche), deren und nur deren Punkte eine bestimmte Bedingung erfüllen, nennt man auch „geometrischer Ort". Alle die besprochenen Hilfslinien a—g sind „geometrische Örter". Unter Benutzung dieses neuen Ausdrucks können wir z. B. sagen: der (geometrische) Ort aller Punkte, die von zwei festen Punkten gleiche Abstände haben, ist die Mittelsenkrechte der Verbindungsstrecke. — Der (geometrische) Ort der Mittelpunkte aller Kreise, die die Schenkel eines Winkels berühren, ist die Winkelhalbierende, usw.

In den folgenden Übungsaufgaben handelt es sich fast überall um die Bestimmung eines Punktes. Man überlegt sich an einer Hilfsfigur die beiden Bedingungen, die der zu konstruierende Punkt gegenüber den gegebenen Größen zu erfüllen hat. Jeder einzelnen Bedingung entspricht eine Hilfslinie, deren sämtliche Punkte dieser einen Bedingung genügen. Die Schnittpunkte der beiden Hilfslinien sind die gesuchten Punkte. Die folgende Aufgabe möge als Beispiel dienen.

Aufgabe. Es ist ein Kreis von vorgeschriebenem Radius r zu zeichnen, der einen gegebenen Kreis k und eine gegebene Gerade g berührt.

Lösung. (Fig. 55.) (Die Hilfsfigur ist nicht gezeichnet.) M ist der Mittelpunkt des gegebenen Kreises k. Man beachte nun etwa den zu bestimmenden Punkt M_1. Er hat

1. von g den vorgeschriebenen Abstand r und
2. von k den Peripherieabstand r.

Aus der ersten Bedingung folgt die Hilfslinie p; der zweiten

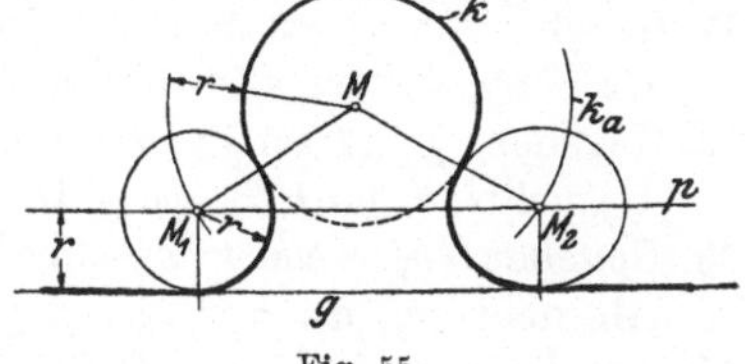
Fig. 55.

entspricht der konzentrische Kreis k_a. Die Schnittpunkte M_1 und M_2 von p und k_a sind die Mittelpunkte der gesuchten Kreise. Wo liegen die Berührungspunkte mit g und k? Man zeichne eine Gerade g, die k schneidet und überlege, wie viele Lösungen jetzt möglich sind. Berücksichtige auch die zweite Parallele p zu g, eventuell auch den Hilfskreis k_i.

Übungen. Im folgenden bezeichnen wir mit A, B, M: Punkte; mit g, l: gerade Linien; mit $k(2)$: einen Kreis von 2 cm Radius; mit M, M_1, M_2: die Mittelpunkte der Kreise k, k_1, k_2. $Ag(6)$ bedeutet: der Punkt A hat von der Geraden g 6 cm Abstand; $gl(5)$ bedeutet: zwei parallele Gerade von 5 cm Abstand.

1. Gegeben: $k(3)$; A auf k.
   Gesucht: $k_1(2)$, der k in A berührt.
2. Gegeben: A, B; $AB = 4$ cm.
   Gesucht: $k(3)$ durch A und B.
3. Gegeben: A, g; $Ag(6)$.
   Gesucht: $k(4)$ durch A, g berührend.
4. Gegeben: g, l sich schneidend.
   Gesucht: $k(3)$, g und l berührend.
5. Gegeben: $k(4)$; A; $AM = 6$ cm oder 3 cm.
   Gesucht: $k_1(3)$ durch A, k berührend.
6. Gegeben: $k_1(1)$; $k_2(1^1/_2)$. $M_1 M_2 = 4$ cm.
   Gesucht: 1. $k(3)$, der k_1 und k_2 ausschließend;
           2. $k(3)$, der k_1 aus- und k_2 einschließend;
           3. $k(5)$, der k_1 und k_2 einschließend berührt.
7. Einen Kreis zu zeichnen, der durch die drei Ecken eines gegebenen Dreiecks geht (Umkreis des Dreiecks). Durch drei Punkte kann man nur einen Kreis legen.
8. Einen Kreis zu zeichnen, der die drei Seiten eines Dreiecks berührt (Inkreis).
9. Einen Kreis zu zeichnen, der eine Seite eines Dreiecks und die Verlängerungen der beiden anderen berührt (drei Ankreise).
10. Gegeben: g und l sich schneidend; A auf g.
    Gesucht: k, der g und l berührt, g in A.
11. Gegeben: k, A auf k; B beliebig.
    Gesucht: k_1, der k in A berührt und durch B geht (Tangente in A).
12. Gegeben: g, A auf g; B beliebig.
    Gesucht: k durch B und g in A berührend.
13. Gegeben: k, A auf k; g beliebig.
    Gesucht: k_1, der k in A und g berührt.
14. Gegeben: g, l; $gl(5)$; $Mg(2)$; $k(1^1/_2)$; M liegt zwischen g und l.
    Gesucht: k_1, der g, l und k berührt.
15. Es ist in einen Kreissektor der größte Kreis zu zeichnen. Unter Kreissektor versteht man einen Teil einer Kreisfläche, der von zwei

Radien und dem zwischenliegenden Kreisbogen begrenzt ist. (Gemeinsame Tangente!)

16. Zeichne in einen Kreis von 7 cm Durchmesser α) 3, β) 4 gleich große sich berührende Kreise.

17. Konstruiere die Fig. 56—63 nach den vorgeschriebenen Maßen (mm). In allen Figuren müssen die Mittelpunkte der Kreise nicht durch Versuche, sondern als Schnittpunkte gewisser Hilfslinien bestimmt werden. Die Übergangspunkte der Kreisbogen in andere Kreisbogen oder in gerade Linien sollen genau ermittelt werden. In Fig. 63 ist der Mittelpunkt des Kreises von 26 mm Radius auf der Parallelen zur Symmetrielinie im Abstand 13 mm von dieser.

18. Fig. 64 enthält eine gute Korbbogenkonstruktion. Gegeben ist AB und EC. Ziehe AC, fälle von D das Lot auf AC. Dadurch erhält man die Mittelpunkte M_1 und M_2. Schlage um M_1 einen Kreisbogen mit dem Radius $M_1 A = r$ und um M_2 einen Kreisbogen mit $M_2 C = R$ als Radius. Diese beiden Bogen treffen sich nicht. Sie können durch einen Kreisbogen um M_3 miteinander verbunden werden. M_3 ist bestimmt durch $M_3 M_2 = M_1 M_3 = 0{,}5 \cdot (R - r)$; G und F sind die Übergangspunkte. Der Korbbogen $AGFCB$ setzt sich aus 5 Kreisbogen zusammen. Begründe die Konstruktion von M_3.

19. Das Lot, das man von einer Ecke eines Dreiecks auf die Gegenseite oder deren Verlängerung fällen kann, heißt die Höhe eines Dreiecks. Ein Dreieck hat also drei Höhen; sie oder ihre Verlängerungen schneiden sich in einem Punkte. Zieht man nämlich durch jede Ecke des Dreiecks eine Parallele zur Gegenseite, so entsteht ein zweites größeres Dreieck, in dem die Höhen des ersten Dreiecks die Mittelsenkrechten der Seiten des größeren Dreiecks sind, und da die Mittelsenkrechten sich nach Aufgabe 7 in einem Punkte treffen, ist dies auch für die Höhen des ersten Dreiecks der Fall.

20. Zeichne ein rechtwinkliges Dreieck aus der Hypotenuse $c = 8$ cm und der zur Hypotenuse gehörigen Höhe $h = 3$ cm.

21. Der Fußpunkt der Höhe eines rechtwinkligen Dreiecks zerlegt die Hypotenuse in zwei Abschnitte von 3 und 5 cm Länge. Zeichne das Dreieck.

22. Eine Seite eines Dreiecks mißt 8 cm. Die zu den andern Seiten gehörigen Höhen sind 6 und 6,5 cm lang. Zeichne das Dreieck.
Ebenso, wenn die Höhen 3 und 4 cm lang sind.

23. Eine Seite eines Dreiecks mißt 5 cm; der gegenüberliegende Winkel 60°, die zur gegebenen Seite gehörige Höhe 3,5 cm. Zeichne das Dreieck.

24. Gegeben: $k\,(1{,}5)$, g, $Mg\,(3)$. Gesucht: die Punkte auf g, von denen aus Tangenten von 5 cm Länge an k gezogen werden können.

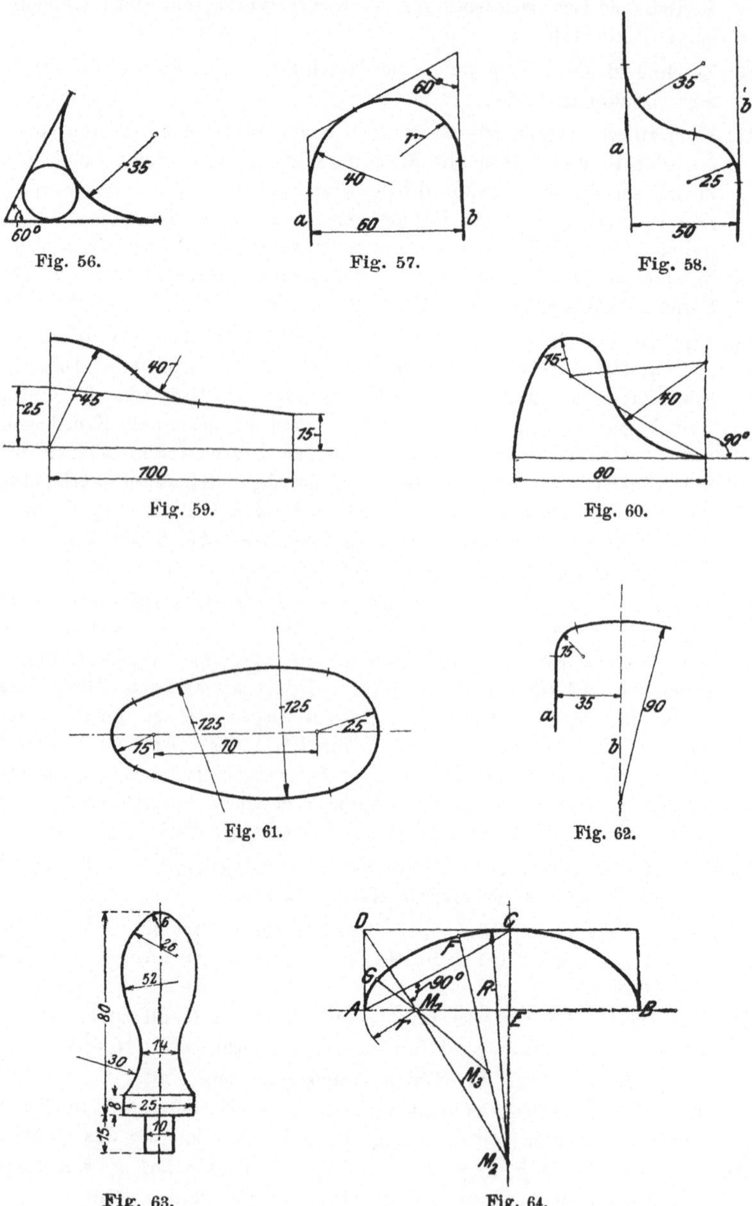

Fig. 56.

Fig. 57.

Fig. 58.

Fig. 59.

Fig. 60.

Fig. 61.

Fig. 62.

Fig. 63.

Fig. 64.

§ 5. Das rechtwinklige Koordinatensystem.

Wir besprechen in diesem Paragraphen ein einfaches geometrisches Hilfsmittel, das uns gelegentlich zur zeichnerischen (graphischen) Veranschaulichung des Zusammenhanges zweier Größen gute Dienste leisten wird.

Auf einem Blatt Papier ziehen wir zwei aufeinander senkrecht stehende gerade Linien, von denen wir die eine der Bequemlichkeit halber horizontal wählen (siehe Fig. 65). Wir nennen die horizontale Gerade die Abscissenachse oder x-Achse, die vertikale die Ordinatenachse oder y-Achse; beide Achsen zusammen heißen die Koordinatenachsen; sie schneiden sich im Nullpunkt oder Koordinatenanfangspunkt O. Der von O nach rechts gehende Teil der x-Achse möge die positive, der nach links gehende die negative Abscissenachse heißen. Die positive Ordinatenachse geht von O nach oben, die negative nach unten.

Durch die Achsen wird die Ebene in vier Felder zerlegt, die man Quadranten nennt und die wir im Sinne der Figur als den I.—IV. Quadranten unterscheiden. — Auf beiden positiven Achsen tragen wir von O aus eine bestimmte Strecke als Einheitsstrecke ab; sie möge als Längeneinheit dienen zur Messung aller Strecken auf den Koordinatenachsen oder auf Geraden, die zu den Achsen parallel laufen.

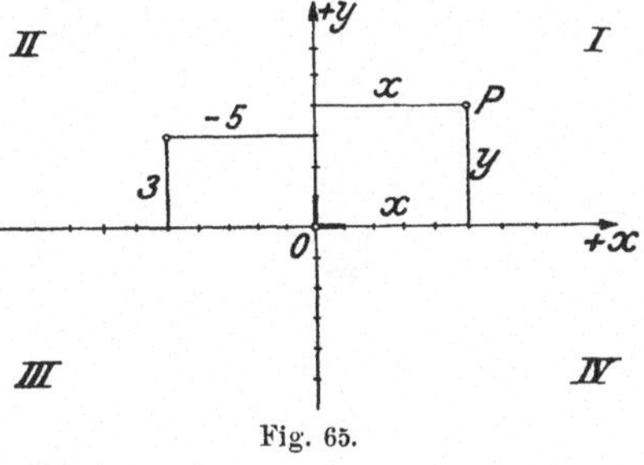

Fig. 65.

Nun sei P ein beliebig gewählter Punkt in einem der vier Quadranten. Er möge von der y-Achse den Abstand x, von der x-Achse den Abstand y haben. Diese Abstände x und y eines Punktes von den Koordinatenachsen, oder genauer gesagt, die Maßzahlen, die diesen Strecken zukommen, nennt man die **Koordinaten** des Punktes P. Im besonderen heißt x die **Abscisse.** y die **Ordinate.** Je nachdem der Punkt rechts oder links von der y-Achse liegt, rechnen wir seine Abscisse positiv oder negativ. Für die Punkte oberhalb der x-Achse soll die Ordinate positiv, für die unterhalb negativ gerechnet werden. In der folgenden Tabelle sind die Vorzeichen der Koordinaten für die vier Quadranten zusammengestellt.

Quadrant	*I*	*II*	*III*	*IV*
Abscisse x	$+$	$-$	$-$	$+$
Ordinate y	$+$	$+$	$-$	$-$

Nach Wahl eines Koordinatenkreuzes und einer Längeneinheit entspricht jedem Zahlenpaar ein bestimmter Punkt des Blattes, und umgekehrt, jedem Punkte des Blattes werden zwei Zahlen, seine Koordinaten, zugeordnet. Man nennt den Punkt P mit den Koordinaten x, y auch etwa den Bildpunkt des Zahlenpaares x, y.

Der Punkt P in Fig. 65 hat die Koordinaten $x = 5$. $y = 4$. Der Punkt mit den Koordinaten $(-5; 3)$ — die erste Zahl soll sich auf die Abscisse, die zweite auf die Ordinate beziehen — liegt im 2. Quadranten. Zeichne die Punkte mit den Koordinaten $(-5; -3)$, $(2; 7)$, $(8; 0)$. $(0; -4)$, $(0; 0)$, $(4; 0)$.

Es möge nun eine Größe x mit einer andern Größe y durch eine Gleichung, z. B. von der Form

$$y = 0,5\,x + 4 \tag{1}$$

verbunden sein. Jedem beliebigen Werte x ordnet diese Gleichung einen bestimmten Wert y zu. So erhalten wir für $x = 2$ den Wert $y = 0,5 \cdot 2 + 4 = 5$; für $x = 10$ findet man $y = 9$; ähnlich findet man für

$$
\begin{array}{lccccccc}
x = & 0 & 4 & 6 & 8 & 15 & -4 & -8 \\
\text{die Werte } y = & 4 & 6 & 7 & 8 & 11,5 & 2 & 0.
\end{array}
$$

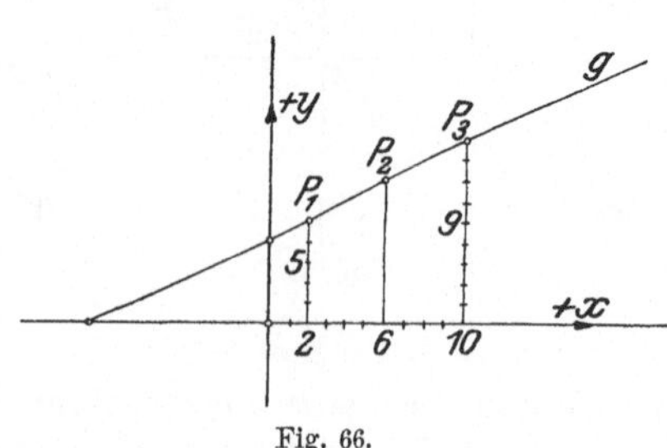

Fig. 66.

Jedem Wertepaare, das aus der Gleichung (1) hervorgegangen ist, ordnen wir nun in einem Koordinatensystem einen Punkt zu, indem wir die zusammengehörigen Werte x und y als Koordinaten eines Punktes auffassen. Einem Zahlenpaar entspricht ein Bildpunkt. So entspricht P_1 in Fig. 66 dem Wertepaar $x = 2$, $y = 5$; P_2 gehört zu $x = 6$, $y = 7$; P_3 zu $x = 10$, $y = 9$ usw. Alle so konstruierten Punkte liegen merkwürdigerweise in einer geraden Linie g. Der Gleichung $y = 0,5\,x + 4$ ist also im Koordinatensystem eine gerade Linie zugeordnet. Man sagt: g sei das geometrische Bild, die graphische Darstelluug der Gleichung $y = 0,5\,x + 4$, oder: $y = 0,5\,x + 4$ sei die Gleichung der Geraden g.

Durch die Gleichung (1) ist die Größe y gesetzmäßig von der Größe x abhängig. Man sagt auch: y ist eine **Funktion** von x. Damit will gesagt sein: Es ist eine bestimmte Vorschrift vorhanden, die jedem bestimmten Werte x einen bestimmten Wert y zuordnet. Die Vorschrift ist in dem besprochenen Beispiel durch die Gleichung (1) gegeben. Die Größe x, der wir beliebige Zahlenwerte beigelegt haben, heißt auch die unabhängige Veränderliche und y heißt die abhängige Veränderliche.

Ähnlich wie in dem besprochenen Beispiel (1) können wir nun jeder beliebigen algebraischen Beziehung zwischen zwei Größen x und y im Koordinatensystem ein Bild entsprechen lassen. Dabei werden die Punkte natürlich nicht immer in einer geraden Linie angeordnet sein; es können Kurven entstehen.

Aufgabe. In den folgenden Gleichungen setze man für x der Reihe nach mehrere verschiedene Zahlenwerte ein, berechne die zugehörigen y und zeichne auf einem Blatt Millimeterpapier, nach Wahl eines Koordinatensystems, die den Wertepaaren x, y entsprechenden Punkte. Als Längeneinheit wähle man auf beiden Achsen 1 cm.

$$\text{1. } y = 0,5\,x \qquad \text{2. } y = 0,5\,x + 2 \qquad \text{3. } y = 0,5\,x - 3$$
$$\text{4. } y = -0,5\,x \qquad \text{5. } y = x \qquad\qquad \text{6. } y = -0,4\,x + 6.$$

Jeder einzelnen Gleichung entspricht eine gerade Linie. Man zeichne alle Beispiele auf dem gleichen Blatt in verschiedener Farbe oder in verschiedenen Stricharten und überlege, warum die Geraden (1—3) parallel sind.

$$\text{7. } y = 0,1\,x^2 \qquad \text{8. } y = 0,2\,x^2 \qquad \text{9. } y = 0,1\,x^2 + 3$$

7—9 sollen auf dem gleichen Blatt gezeichnet werden; ebenso von den folgenden 10—12 und 13—15

$$\text{10. } y = \frac{12}{x} \qquad \text{11. } y = \frac{24}{x} \qquad \text{12. } y = \frac{24}{x} + 3$$

$$\text{13. } y = \sqrt{49 - x^2} \quad \text{14. } y = 1,2 \cdot \sqrt{49 - x^2} \quad \text{15. } y = 0,5\sqrt{49 - x^2}$$

————

Oft ist das Gesetz, das die Abhängigkeit zweier Größen regelt, nicht durch einen algebraischen Ausdruck, wie in den besprochenen Beispielen, festgelegt. Aber auch in solchen Fällen kann das Koordinatensystem mit Vorteil zur Veranschaulichung der gegenseitigen Beziehungen benutzt werden. Will man sich z. B. über die Schwankungen der Temperatur während eines Tages eine gute Vorstellung machen, so trägt man auf einer Abscissenachse von Zentimeter zu Zentimeter die Stunden (1ʰ, 2ʰ ...) und als Ordinaten die zugehörigen Temperaturen ab. Eine Kurve, die die einzelnen Punkte miteinander verbindet, gibt einen viel klareren Einblick in die Schwankungen der Tagestemperatur, als eine bloß tabellarische Zusammenstellung von Stunde und Temperatur.

Weitere Beispiele zur graphischen Darstellung bieten: Luftdruck und Monatstage; Tage und Kurs eines Wertpapiers; indizierte und Bremsleistung einer Dampfmaschine usw. Wir benutzen das Koordinatensystem in der Folge hauptsächlich zur Veranschaulichung des Zusammenhangs gewisser geometrischer Größen. z. B. Durchmesser und Umfang; Radius und Inhalt eines Kreises; Bogenmaß und Gradmaß eines Winkels. Dabei werden wir in fast allen Fällen mit dem ersten Quadranten allein auskommen. Beachte die Fig. 106, 145.

§ 6. Berechnung einiger Flächen.

Eine Fläche messen, heißt untersuchen, wie oft eine als Einheit gewählte Fläche (ein Quadrat) in ihr enthalten ist.

Rechteck. Quadrat. Das Rechteck in Fig. 67 hat eine Grundlinie g von 5 cm und eine Höhe h von 4 cm Länge. Es enthält 4 Schichten von je 5 Quadraten, hat also einen Inhalt von

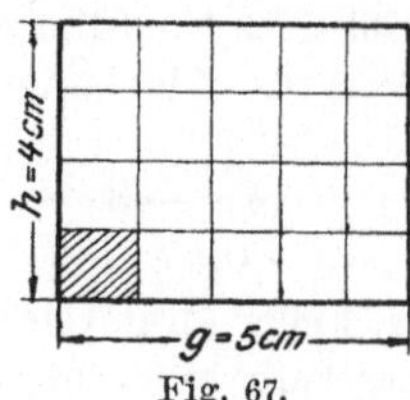

Fig. 67.

5 . 4 = 20 Quadraten von 1 cm Seite, oder 20 cm² (qcm). Wäre $g = 5,3$ cm $= 53$ mm und $h = 4,6$ cm $= 46$ mm, so hätte das Rechteck einen Inhalt von 53 . 46 = 2438 mm² (qmm), oder (da 100 mm² = 1 cm² sind) einen Inhalt von 24,38 cm². Zu diesem Resultat wäre man direkt durch Multiplikation von 5,3 mit 4,6 gekommen. Allgemein wird die Maßzahl für den Inhalt eines Rechtecks gefunden, indem man die Maßzahl der Grundlinie mit der Maßzahl der Höhe multipliziert, oder kürzer: **Der Inhalt** (J) **eines Rechtecks ist gleich dem Produkt aus der Grundlinie und der Höhe.**

$$J = g \cdot h.$$

Für ein Quadrat von der Seite s wird:

$$J = s \cdot s = s^2,$$

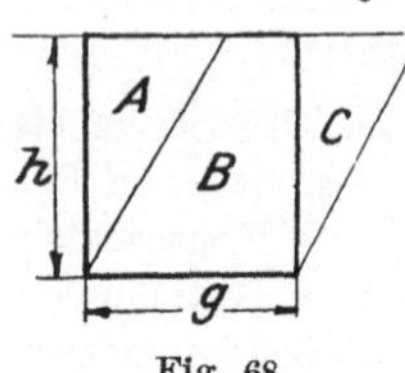

Fig. 68.

daraus folgt $\quad s = \sqrt{J}.$

Parallelogramm. Die Fig. 68 und 69 enthalten je ein Rechteck und ein Parallelogramm von gleicher Grundlinie und gleicher Höhe.

In Fig. 68 ist:

$$\triangle A \cong \triangle C \; (s, \; w, \; s),$$

ferner ist: $\qquad B = B,$[1]

die Summe gibt: $A + B = B + C.$

In Fig. 69 ist:

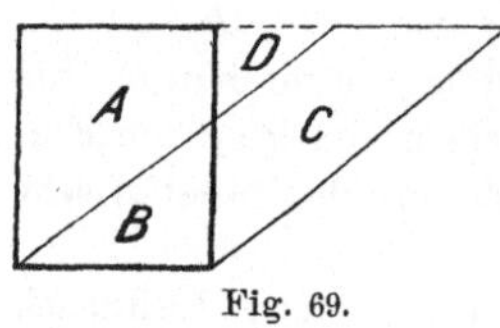

Fig. 69.

$$\triangle (A + D) \cong \triangle (D + C),$$

somit ist, wenn man auf beiden Seiten D subtrahiert,

$$A = C,[1]$$

ferner ist: $\qquad B = B,$

somit wieder: $\qquad A + B = B + C,$

---

[1] „Gleich" bedeutet: A und C haben den gleichen Flächeninhalt. $\cong$ bedeutet: gleiche Form und gleichen Inhalt.

d. h.: Jedes Parallelogramm ist inhaltsgleich einem Rechteck von gleicher Grundlinie und Höhe. Da der Inhalt eines Rechtecks durch das Produkt $g \cdot h$ gefunden wird, kann man auch den Inhalt des Parallelogramms auf die gleiche Art berechnen. $J = g \cdot h$ ist die gemeinsame Inhaltsformel für alle Parallelogramme.

Alle Parallelogramme von gleicher Grundlinie und Höhe sind inhaltsgleich. Man zeichne über der gleichen Grundlinie mehrere inhaltsgleiche Parallelogramme.

Vierecke, deren Diagonalen aufeinander senkrecht stehen, können leicht aus den beiden Diagonalen D und d berechnet werden. Ihr Inhalt ist gleich dem halben Produkte der Diagonalen.

$$J = \frac{d\,D}{2}.$$

Zum Beweise dieses Satzes ziehe man durch die Ecken eines solchen Vierecks Parallelen zu den Diagonalen, wodurch ein Rechteck entsteht.

Vierecke der besprochenen Art sind der Rhombus und das Quadrat. Für das Quadrat erhält man im besonderen $J = \frac{d^2}{2}$, d. h. der Inhalt eines Quadrates ist gleich dem halben Diagonalenquadrat.

Dreieck. Jedes Dreieck kann als die Hälfte eines Parallelogramms von gleicher Grundlinie und Höhe aufgefaßt werden (Fig. 70). Sein Inhalt ist daher gegeben durch:

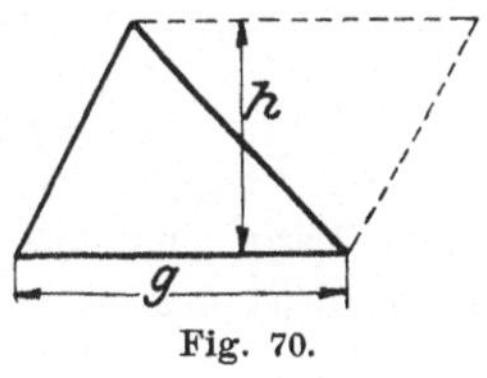

Fig. 70.

$$J = \frac{g \cdot h}{2} = \frac{g}{2} \cdot h = \frac{h}{2} \cdot g = \frac{1}{2} g\,h \text{ (in Worten!)}.$$

Alle Dreiecke von gleicher Grundlinie und Höhe sind inhaltsgleich.

Trapez. Eine Diagonale zerlegt ein Trapez von den Grundlinien a und b in zwei Dreiecke von der gleichen Höhe h. Der Inhalt des Trapezes ist daher

$$J = \frac{a\,h}{2} + \frac{b\,h}{2} = \frac{a+b}{2} \cdot h.$$

Nun ist $\dfrac{a+b}{2} = m = $ der Mittellinie des Trapezes (Fig. 45). Daher ist der Inhalt

$$J = \frac{a+b}{2} \cdot h = m \cdot h = \text{Mittellinie mal Höhe.}$$

Alle Trapeze von gleicher Mittellinie und Höhe sind inhaltsgleich.

Tangentenvieleck. Darunter verstehen wir ein Vieleck, dessen Seiten Tangenten an einen Kreis sind. Verbindet man den Mittelpunkt des Kreises mit allen Ecken des Vielecks, so entstehen Dreiecke mit einer gemeinsamen Ecke im Mittelpunkt des Kreises und der gleichen Höhe r. Sind a, b, c, ... die Seiten des Vielecks (man zeichne die Figur), so ist dessen Inhalt gegeben durch

$$J = \frac{ar}{2} + \frac{br}{2} + \frac{cr}{2} + \ldots = \frac{r}{2} \cdot (a + b + c + \ldots),$$
$$a + b + c \ldots = u = \text{Umfang des Vielecks.}$$

Daher ist $\qquad J = \dfrac{ur}{2} = \dfrac{\text{Umfang} \times \text{Radius}}{2}.$

Für ein Dreieck mit den drei Seiten a, b, c erhält man speziell

$$J = \frac{(a+b+c)\,r}{2} = \frac{a+b+c}{2} \cdot r = s \cdot r \ \text{(siehe § 2, Aufgabe 22),}$$

$$J = r \cdot s, \ \text{also ist } r = \frac{J}{s};$$

damit kann man aus dem Inhalt und dem Umfang eines Dreiecks den Radius des einbeschriebenen Kreises berechnen.

––––––

Einzelne regelmäßige Vielecke, sowie den Kreis werden wir später besprechen. Unregelmäßige Vielecke zerlegt man zur Berechnung in Dreiecke oder Trapeze.

Den Inhalt krummlinig begrenzter Figuren kann man auf mechanischem Wege mit einem Flächenmesser oder Planimeter bestimmen, oder man bedient sich der folgenden **Näherungsformeln.**

1. Erste Trapezformel. Man zerlegt die zu messende Fläche durch parallele Gerade in eine beliebige Anzahl Streifen von gleicher Breite (Fig. 71). Die in der Fläche liegenden

Strecken y_1, y_2, y_3 ... der Parallelen werden Ordinaten genannt. Es kann auch eine die Fläche begrenzende Anfangs- oder Endordinate y_0 oder y_n vorhanden sein. y_0 und y_n können auch Null sein; beachte die gestrichelte Kurve der Fig. 71. Jedes Flächenstück, das zwischen zwei aufeinander folgenden Ordinaten liegt, wird nun näherungsweise als Trapez aufgefaßt. Der Inhalt der ganzen Figur ist dann angenähert:

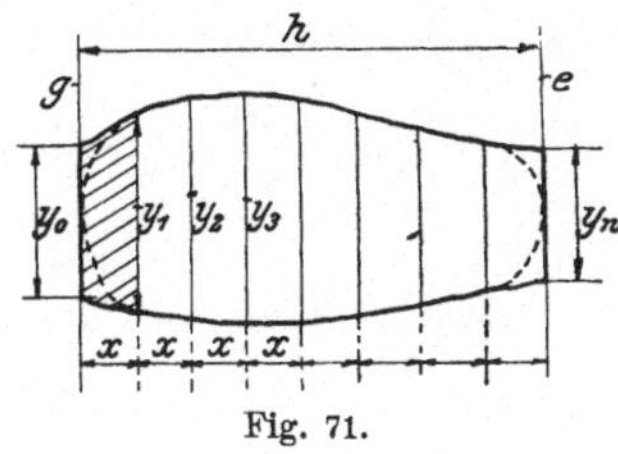

Fig. 71.

$$J = \frac{y_0 + y_1}{2} \cdot x + \frac{y_1 + y_2}{2} \cdot x + \frac{y_2 + y_3}{2} \cdot x + \ldots + \frac{y_{n-1} + y_n}{2} \cdot x$$

$$= \frac{x}{2}\,(y_0 + y_1 + y_1 + y_2 + y_2 + y_3 + \ldots + y_n)$$

$$= \frac{x}{2}\,[y_0 + y_n + 2\,(y_1 + y_2 + \ldots + y_{n-1})].$$

Nun ist $x = \dfrac{h}{n}$ und daher

$$J = \frac{h}{2\,n}\,[y_0 + y_n + 2\,(y_1 + y_2 + \ldots + y_{n-1})].$$

2. **Zweite Trapezformel.** Auch bei dem zweiten Verfahren werden die einzelnen Streifen als Trapeze aufgefaßt; aber man entnimmt der Figur durch Messung nicht die beiden Parallelen, sondern die Mittellinien der Trapeze. (Fig. 72.) Der Inhalt J ist dann angenähert gleich:

$$J = y_1\,x + y_2\,x + y_3\,x + \ldots + y_n\,x$$

$$= x\,(y_1 + y_2 + \ldots + y_n)$$

$$= \frac{h}{n}\,(y_1 + y_2 + \ldots + y_n),$$

$$J = \frac{y_1 + y_2 + \ldots + y_n}{n} \cdot h.$$

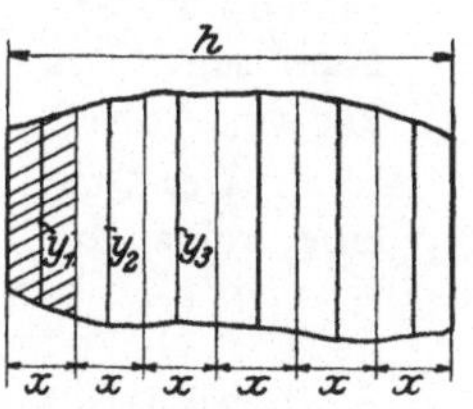

Fig. 72.

$\dfrac{y_1 + y_2 + \ldots + y_n}{n}$ ist die mittlere Breite der Fläche, somit ist

$$J = \text{Länge} \times \text{mittlere Breite} = h \cdot \frac{y_1 + y_2 + \ldots + y_n}{n}.$$

3. **Die Simpsonsche Formel.**[1]) Sie ist im allgemeinen genauer als die beiden besprochenen. Man teilt die Fläche (Fig. 73) in eine gerade Anzahl gleich breiter Streifen; der Inhalt ist dann angenähert gleich:

$$J = \frac{h}{3n}\,[y_0 + y_n + 4\,(y_1 + y_3 + \ldots + y_{n-1})$$
$$+ 2\,(y_2 + y_4 + \ldots + y_{n-2})].$$

Man bildet also die Summe der ersten und letzten Ordinate

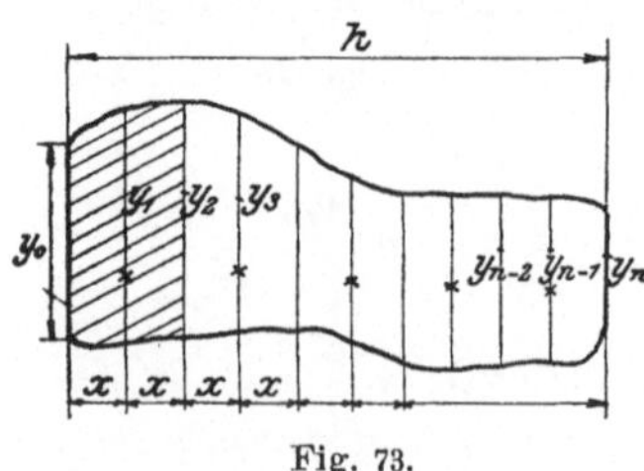

Fig. 73.

(sie kann auch 0 sein); die vierfache Summe der in der Figur mit einem Kreuz bezeichneten Ordinaten, dann die doppelte Summe aller übrigen. Die Summe dieser drei Teilsummen wird mit $\frac{h}{3n}$ multipliziert. ($n =$ gerade Zahl.)

Die Ableitung der Simpsonschen Formel wird in § 20 (Schluß) gegeben. Übungsbeispiele enthält der folgende Paragraph.

§ 7. Beispiele zur Flächenberechnung.

1. **Dimension.** Es ist zweckmäßig, beim Rechnen mit benannten Zahlen auch die Art der Größen zu berücksichtigen, zu denen die Zahlen gehören. Die in der Bezeichnung „5 cm" zur Zahl 5 hinzutretende Benennung (Zentimeter) nennen wir die „Dimension" der Größe. Die Bezeichnungen „10 cm, 7 km" enthalten als Dimension eine „Länge". Bei den Berechnungen der Flächen werden die Maßzahlen zweier Längen miteinander multipliziert (5 cm², 10 m², 8 km²). Man sagt: jede Fläche hat als Dimension das „Quadrat einer Länge".

Der Quotient zweier Größen von der gleichen Dimension ist eine reine Zahl, eine Größe von der Dimension Null, z. B.

$$\frac{\text{Bogen eines Kreises}}{\text{Radius des Kreises}}.$$

Multipliziert man eine Größe mit einer reinen Zahl, so ändert sich die Dimension nicht. Vergleiche: $J = 0{,}5 \cdot g \cdot h$, oder $J = 3{,}14\,r^2$, oder $m = 0{,}5 \cdot (a + b)$.

---

[1]) Sie stammt von dem Engländer Thomas Simpson, der sie im Jahre 1743 veröffentlichte.

Winkel sind Größen von der Dimension Null. Prüfe die Dimension von $\dfrac{\pi\, r^2\, \alpha^c}{360^0}$, wenn r der Radius des Kreises ist, α und 360 Winkel sind und π eine reine Zahl ist.

Man kann nur Größen von der gleichen Dimension zueinander addieren oder voneinander subtrahieren. Beachte die Ausdrücke

$$J = \frac{a+b}{2} \cdot h; \quad s = \frac{a+b+c}{2}; \quad J = (R^2 - r^2)\,\pi. \; - \text{ Prüfe die im vor-}$$

hergehenden Paragraphen abgeleiteten Formeln auf ihre Dimension.

2. Rechnen mit Zahlen, die durch Messung gefunden wurden. Jede Messung ist nur bis zu einer bestimmten Grenze richtig. Hat man für die Seiten g und h eines Rechtecks durch Messung gefunden $g = 4{,}236$ m, $h = 1{,}453$ m, so ist das Produkt $g \cdot h$:

$$4{,}236 \cdot 1{,}453 = 6{,}154\,908 \text{ m}^2.$$

4,236	×××
1 694	4××
211	80×
12	708
6,154	908

Man ist im Irrtum, wenn man glaubt, dies sei der genaue Inhalt des Rechtecks, genau bis auf die Quadratmillimeter. Denn nehmen wir an, es ständen uns verfeinerte Meßinstrumente zur Verfügung, mit denen wir etwa g zu 4,236 43 und h zu 1,453 26 m finden könnten, dann ständen an den in der Ausrechnung mit Kreuzchen bezeichneten Stellen noch Ziffern, die das Resultat in den letzten Ziffern verändern. Wir dürfen das Resultat nur so weit als zuverlässig betrachten, als es von den uns unbekannten Ziffern nicht beeinflußt wird, d. h. wir wissen vom Inhalt nur, daß er ungefähr 6,155 m² beträgt. Zu diesem Resultate kommt man auf bequeme Art mit Hilfe der „abgekürzten Multiplikation“:

$$
\begin{array}{r}
4{,}236 \cdot 1{,}453 \\
\hline
4{,}236 \\
1\,694 \\
212 \\
13 \\
\hline
6{,}155
\end{array}
$$

Wir erkennen an diesem Beispiel, daß sich der Inhalt eigentlich nur auf die Quadratdezimeter genau bestimmen läßt, obwohl die Seiten auf die Millimeter genau gemessen wurden!

Ähnliche Überlegungen, wie an die Multiplikation, lassen sich an die übrigen Rechenoperationen knüpfen. Im allgemeinen gilt die Regel: Wenn in einer Zahl nur 3 oder 4 Ziffern (unbekümmert um die Stellung des Kommas) zuverlässig sind, so kann man auch das Resultat nur auf 3 oder 4 Ziffern genau bestimmen.

In den folgenden Beispielen werden wir fast überall die „abgekürzten Rechnungsoperationen" verwenden.

3. $g = $ Grundlinie, $h = $ Höhe, $J = $ Inhalt eines **Rechtecks** oder **Parallelogramms**. Berechne aus zwei dieser Größen die dritte:

$g = $	a) 1,56 dm	b) 0,456 m	c) 8 mm	d) 3,46 km
$h = $	2,73 dm	23 cm	24 m	280 m
$J = $	4,26 dm²	10,49 dm²	19,20 dm²	0,969 km²

4. $d = $ Diagonale, $s = $ Seite, $J = $ Inhalt eines **Quadrates**. Berechne aus einer dieser Größen die übrigen.

1.	$d = 2{,}64$ m	$s = 1{,}865$ m	$J = 3{,}48$ m²
2.	$s = 5{,}72$ cm	$J = 32{,}72$ cm²	$d = 8{,}09$ cm
3.	$J = 22{,}56$ m²	$s = 4{,}75$ m	$d = 6{,}72$ m

5. Eine eiserne Stange von **quadratischem** Querschnitt soll einen Zug von 9000 kg aufnehmen. Auf 1 cm² der Querschnittsfläche ist eine Belastung von 800 kg zulässig. Wie lang ist die Quadratseite zu wählen? ~ 34 mm.

6. In ein **Quadrat** von 35 cm Seite ist ein anderes gezeichnet, dessen Seiten überall den Abstand x von den Seiten des ersten Quadrates haben. Die zwischen den beiden Quadraten liegende Fläche hat einen Inhalt von 400 cm². Berechne x. (3,14 cm).

7. $g = $ Grundlinie, $h = $ Höhe, $J = $ Inhalt eines **Dreiecks**. Aus irgend zwei Größen ist die dritte zu berechnen.

$g = $	a) 8,4 cm	b) 52 cm	c) 36 m	d) 5,143 m
$h = $	7,5 cm	14,8 cm	1,478 m	6,282 m
$J = $	31,5 cm²	384,8 cm²	26,604 m²	16,154 m²

Der Inhalt eines rechtwinkligen Dreiecks ist $\dfrac{ab}{2}$. a und b sind die Katheten.

8. In Fig. 74 ist $b = 20$, $h = 30$, $d = 4$ cm, daraus folgt $J = 248$ cm², $u = $ Umfang $= 132$ cm;

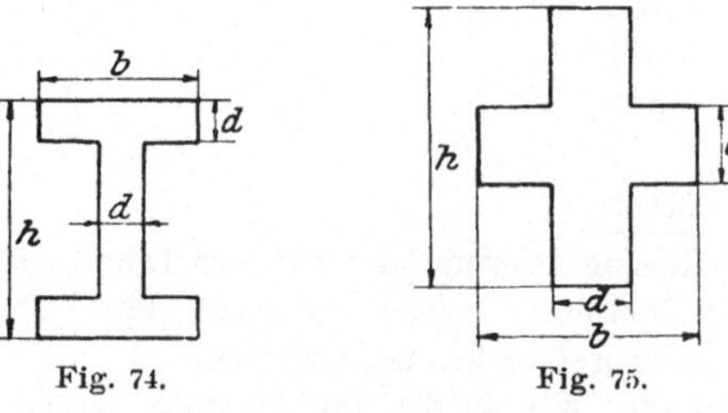

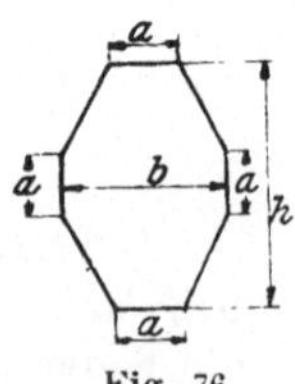

Fig. 74.   Fig. 75.   Fig 76.

in Fig. 75 ist $b = 10$, $h = 14$, $d = 3$ cm, daraus folgt $J = 63$ cm², $u = 48$ cm;

in Fig. 76 ist $b = 10$, $h = 16$, $a = 5$, daraus folgt $J = 132{,}5$ cm².

9. Der Inhalt der Fig. 77 ist 20,40 cm². Die eingetragenen Maße sind Millimeter. Berechne x. (53 mm).

10. a und b sind die Parallelen, h die Höhe eines Trapezes. Berechne aus drei der vier Größen a. b, h, J die vierte.

$a =$	1) 50	2) 0,8	3) 2,6	4) 8,432	5) 0,42 m
$b =$	76	10,42	8,4	10,658	6,58 m
$h =$	24	2,7	6,3	15	8 m
$J =$	1512	15,147	34,65	143,175	28 m²

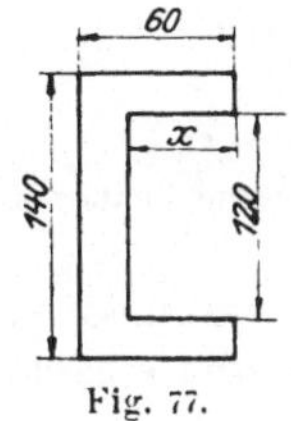

Fig. 77.

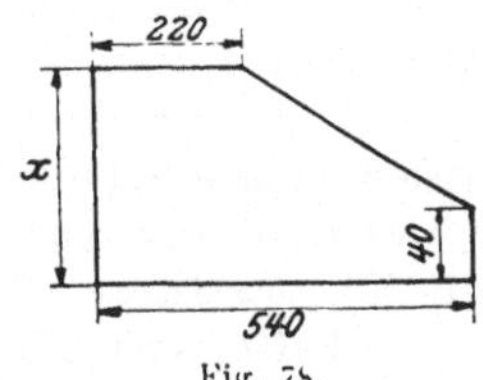

Fig. 78.

11. Der Inhalt der Fig. 78 ist 12,80 dm². Die Maße sind Millimeter. Berechne x. (32 cm).

12. Beispiele für die zweite Trapezformel (Fig. 72):

 a) Für $h = 90$ mm: Ordinaten $y = 22$, 36, 44. 45. 36, 33, 20 mm, findet man:

  Mittlere Breite $y_m = 33.7$ mm; Inhalt $J = 30,2$ cm².

 b) $h = 120$ mm; Ordinaten $y = 3,4$, 4,7, 5,3, 6.4, 6,8, 7,5, 7,2, 7,7. 6,5. 6,1. 5,2, 4,2 cm.

  Es wird $y_m = 5,9$ cm; $J = 70,8 = \sim 71$ cm².

13. Beispiele für die Simpsonsche und für die erste Trapezformel (Fig. 73 und 71):

 a) $h = 8$ cm; Ordinaten $y = 12,3$, 15,6. 18,4, 19,3, 20,4, 19,5, 17,2, 16,4, 15,0 cm.

  Es wird $J_s = 141$ cm² und $y_m = J : 8 = 17,6$ cm nach Simpson; nach der ersten Trapezformel ist $J_1 = 140,3$ cm².

 b) $h = 16$: Ordinaten 7,28. 9,43, 6,52, 7,38, 5,28, 4,63, 3,81, 2,41, 1,51, 0,82, 0 cm.

  $J_s = \sim 75$ cm²; $y_m = 4,7$ cm. $J_1 = 73$ cm².

14. Zeichne einen Viertelkreis von 10 cm Radius und ziehe in Abständen von 1 cm Ordinaten senkrecht zu einem der Begrenzungsradien; messe die Ordinaten an der Figur und berechne den Inhalt des Viertelkreises nach der Simpsonschen Formel. Vergleiche das Resultat mit dem genauen Inhalt $J = 78,54$ cm².

15. Der Mittelpunkt eines Kreises ist 8 cm vom Mittelpunkt einer Sehne von 20 cm Länge entfernt. Bestimme die Fläche zwischen Sehne und zugehörigem Kreisbogen nach Simpson ($J = \sim 67$ cm²).

16. Für ein Kreissegment mit der Sehne $s = 10$ cm und der Bogenhöhe 3 cm erhält man $J = \sim 21,4$ cm².

17. a, b, c = Seiten eines Dreiecks, r_a = Radius des Kreises, der die Seite a und die Verlängerungen von b und c berührt. (Ankreis.) Verbinde den Mittelpunkt mit den Ecken des Dreiecks und leite die Beziehung ab.

$$J = 0,5 \cdot b \cdot r_a + 0,5 \cdot c \cdot r_a - 0,5 \cdot a \cdot r_a ,$$

daraus folgt $\qquad r_a = J : (s - a)$

[J = Inhalt des Dreiecks; $s = 0,5\,(a + b + c)$].

Ähnlich findet man

$$r_c = J : (s - b) \qquad r_c = J : (s - c).$$

Prüfe diese Beziehungen durch Nachmessen an einer bestimmten Figur.

18. **Einige Verwandlungsaufgaben.**

Mit Hilfe des Satzes: „Dreiecke (Parallelogramme) von gleicher Grundlinie und Höhe sind inhaltsgleich" kann man einzelne Figuren in andere inhaltsgleiche verwandeln.

Es soll z. B. **Dreieck ABC in Fig. 79 in ein anderes von der gegebenen Grundlinie BD verwandelt werden.** Ziehe AD, durch C die Parallele CE. Dreieck BED ist inhaltsgleich dem Dreieck ABC, denn

$$\triangle BCE = \triangle BCE,$$
$$\triangle ECA = \triangle ECD \qquad \text{(gleiche Grundlinie } EC$$
$$\text{und gleiche Höhe } x);$$

daher ist $\qquad \triangle BCE + \triangle ECA = \triangle BCE + \triangle ECD$

oder $\qquad\qquad \triangle ABC = \triangle BDE.$

Löse die gleiche Aufgabe, wenn $BD < BC$ ist. Verwandle ein Dreieck ABC in ein anderes von gegebener Höhe h (Fig. 79).

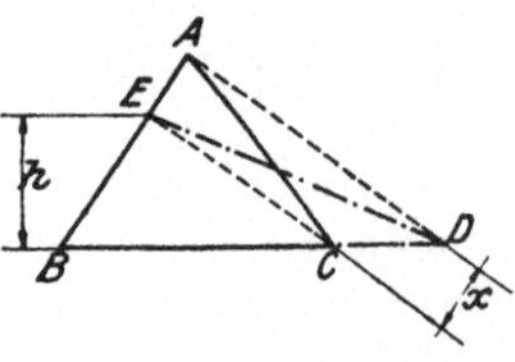

Fig. 79.

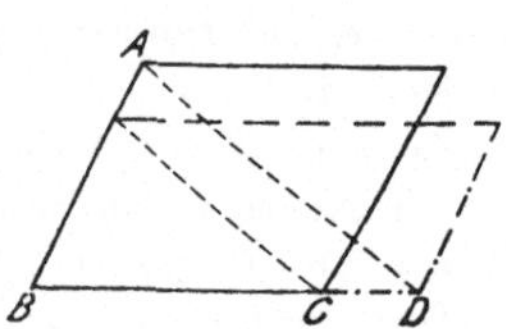

Fig. 80.

Die gleiche Figur enthält auch die Lösung für die Aufgabe: ein Parallelogramm in ein anderes Parallelogramm von gegebener Seite oder Höhe zu verwandeln. ABC kann als die Hälfte des gegebenen und BDE als die Hälfte des gesuchten Parallelogramms aufgefaßt werden oder auch umgekehrt. Man erkennt an einer selbst entworfenen Figur, daß die Linien AC und ED überflüssig werden, daß es genügt, die Parallelen AD und EC zu ziehen (Fig. 80).

Ist ein Vieleck in ein anderes, das eine Ecke weniger hat, zu verwandeln, so verschiebe man eine Ecke — z. B. E in der Fig. 81 — parallel zur Diagonale BC (die durch die beiden E zunächst liegenden Ecken geht), bis die neue Lage D von E in die Verlängerung einer Seite AB fällt — Durch öftere Wiederholung kann man jedes Vieleck in ein inhaltsgleiches Dreieck verwandeln.

Ein Dreieck in ein Rechteck umzuformen ist leicht. Die Verwandlung eines Rechtecks in ein Quadrat wird später gezeigt werden.

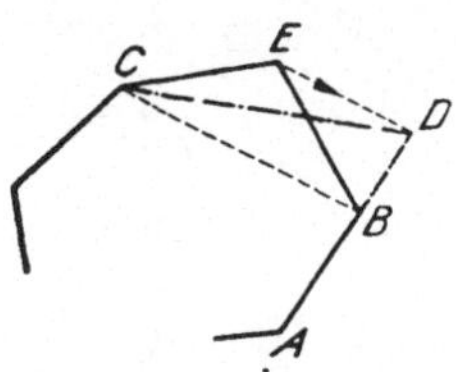

Fig. 81.

Verwandle ein stumpfwinkliges Dreieck in ein rechtwinkliges, so daß die längste Seite des Dreiecks 1. Hypotenuse. 2. Kathete wird.

Verwandle ein Parallelogramm in einen Rhombus, so daß
1. seine Seite mit der längeren Seite des Parallelogramms übereinstimmt,
2. seine Diagonale gleich einer Diagonale des Parallelogramms ist.

Verwandle ein Parallelogramm in ein anderes, das einen vorgeschriebenen Winkel und eine vorgeschriebene Seite hat.

Prüfe bei allen Verwandlungsaufgaben die beiden gezeichneten Figuren auf ihre Inhaltsgleichheit durch Nachmessen.

19. Zerlege ein Dreieck durch gerade Linien a) von einer Ecke, b) von einem beliebigen Punkte des Umfanges aus in drei inhaltsgleiche Flächenstücke.

§ 8. Das rechtwinklige Dreieck.

Wir bezeichnen mit a und b die beiden Katheten, mit c die Hypotenuse, mit h die Höhe, die zur Hypotenuse gehört. h zerlegt c in zwei Abschnitte p und q. p liegt an der Seite a und q an b. (Zeichne die Figur.)

Der Inhalt J des rechtwinkligen Dreiecks ist einerseits $0{,}5 \cdot ab$, anderseits $0{,}5 \cdot ch$. Es ist also:
$$0{,}5 \cdot ch = 0{,}5\, ab;$$

daraus folgt: $$h = \frac{ab}{c} \cdot \tag{1}$$

Satz 1. Die Höhe ist gleich dem Produkte der Katheten dividiert durch die Hypotenuse.

In Fig. 82 sei ABC das rechtwinklige Dreieck; $BC = a$; $AC = b$, $AB = c$, $BD = p$, $DA = q$. Wir errichten über BC das Quadrat $a^2 = BCHJ$ und über BD ein Rechteck $BDEF$, so daß $BF = BA = c$ ist. Der Inhalt des Rechtecks ist somit gleich pc. Wir wollen beweisen, daß $a^2 = pc$ ist.

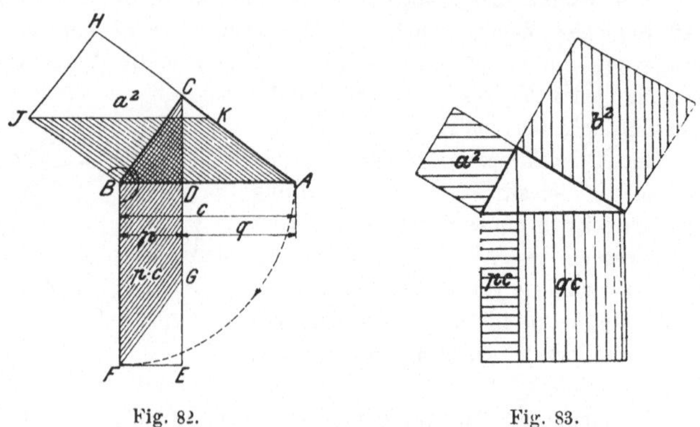

Fig. 82.   Fig. 83.

Zum Beweise ziehen wir JK parallel zu BA, und FG parallel zu BC; dann sind die beiden schraffierten Parallelogramme $BJKA$ und $BCGF$ kongruent; denn $JB = BC$; $BA = BF$ und $\sphericalangle ABJ = \sphericalangle FBC$. Nun ist

Quadrat $a^2 = BAKJ$ (gleiche Grundlinie BJ und gleiche Höhe BC),

$\qquad BAKJ \cong BFGC$ (wie wir bewiesen haben),

$\qquad\qquad BFGC =$ Rechteck pc (gleiche Grundlinie BF und gleiche Höhe BD).

Somit ist
$$a^2 = [BAKJ = BFGC =] pc,$$
also ist
$$a^2 = pc.$$

In ganz gleicher Weise könnte man zeigen, daß das Quadrat über b gleich ist dem Rechteck aus q und c. Beide Quadrate und Rechtecke sind in Fig. 83 gezeichnet. Es ist also

$$a^2 = pc \quad \text{und} \quad b^2 = qc. \tag{2}$$

Satz 2. Das **Quadrat** über einer Kathete ist gleich dem **Rechteck** aus der Hypotenuse und dem der Kathete anliegenden Hypotenusenabschnitt.

Addiert man die Gleichungen (2), so erhält man (Fig. 83):
$$a^2 + b^2 = pc + qc = c\,(p + q) = c \cdot c = c^2, \text{ da } p + q = c \text{ ist.}$$

Es ist also:
$$a^2 + b^2 = c^2. \tag{3}$$

Satz 3. Die **Summe der Quadrate** über den beiden Katheten ist gleich dem **Quadrate** über der Hypotenuse. (Pythagoreischer Lehrsatz.)

In dem rechtwinkligen Dreieck BDC der Fig. 84 ist nach (3)

$$a^2 = h^2 + p^2$$

oder

$$h^2 = a^2 - p^2;$$

nach (2) ist

$$a^2 = pc,$$

somit ist $h^2 = pc - p^2 = p(c - p)$,

oder da $c - p = q$ ist,

$$h^2 = pq. \qquad (4)$$

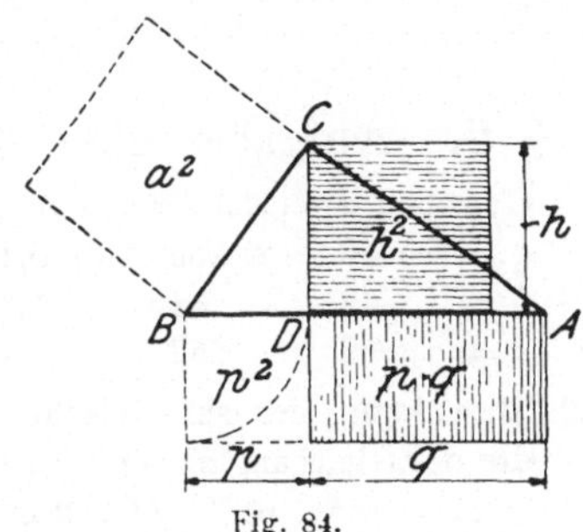

Fig. 84.

Satz 4. Das Quadrat über der Höhe ist gleich dem Rechteck aus den beiden Hypotenusenabschnitten.

Man merke sich: In Satz 2 und 4 ist ein Quadrat gleich einem gewissen Rechteck; im dritten Satz kommen nur Quadrate vor. Der dritte Satz ist der wichtigste; mit seiner Hilfe kann man aus zwei Seiten eines rechtwinkligen Dreiecks die dritte berechnen.

Ist z. B. $a = 3$ cm, $b = 4$ cm, dann ist $c^2 = 3^2 + 4^2 = 25$, also $c = \sqrt{25} = 5$ cm.

Ist $a = 3$ cm, $c = 5$ cm; dann ist $b^2 = 5^2 - 3^2 = 16$, also $b = \sqrt{16} = 4$ cm. Allgemein ist:

$$c = \sqrt{a^2 + b^2} \qquad a = \sqrt{c^2 - b^2} \qquad b = \sqrt{c^2 - a^2}$$

Der Anfänger hüte sich vor dem Fehler: aus $c = \sqrt{a^2 + b^2}$ zu folgern $c = a + b$!? Das wäre gleichbedeutend mit: die Hypotenuse ist gleich der Summe der Katheten.

Der zweite Satz ist nach dem griechischen Philosophen Pythagoras aus Samos (500 v. Chr.) benannt. Ob Pythagoras den Lehrsatz selbst entdeckt hat, kann nicht mit Bestimmtheit nachgewiesen werden, doch ist es sehr wahrscheinlich. Wie er den Satz bewiesen hat, ist unbekannt; der von uns angegebene Beweis stammt von Euklid (300 v. Chr). Das rechtwinklige Dreieck mit den Seiten 3, 4 und 5 war den alten Ägyptern schon 2000 v. Chr. bekannt; sie benutzten es sehr wahrscheinlich zum Abstecken eines rechten Winkels.

Über die Geschichte des pythagoreischen Lehrsatzes orientiert in vorzüglicher und unterhaltender Weise das kleine Büchlein von W. Lietzmann: „Der pythagoreische Lehrsatz mit einem Ausblick auf das Fermatsche Problem." Verlag Teubner.

> „Es ist nicht genug, zu wissen,
> man muß auch anwenden; es ist nicht
> genug, zu wollen, man muß auch tun."
> Goethe.

§ 9. Aufgaben über das rechtwinklige Dreieck.

1. Gegeben zwei der Größen a, b, c. Gesucht die dritte.

$a =$	1) 40	2) 255	3) 0,15	4) 18	5) 36	6) 4,395 m,
$b =$	42	32	1,12	25	97,57	2,384 m,
$c =$	58	257	1,13	30,81	104	5 m.

2. Man kann sich auf einfache Art drei ganze Zahlen a, b, c bilden, die der Gleichung $a^2 + b^2 = c^2$ genügen. Man setzt in den Ausdrücken
$$a = m^2 - n^2, \qquad b^2 = 2\,m\,n, \qquad c = m^2 + n^2 \qquad (m > n)$$
für m und n irgend welche ganze Zahlen ein, dann besitzen die drei berechneten Zahlen a, b. c die gewünschte Eigenschaft. Wir setzen z. B. $m = 4$ und $n = 3$; dann ist $a = 4^2 - 3^2 = 7$, $b = 2 \cdot 4 \cdot 3 = 24$, $c = 4^2 + 3^2 = 25$. Nun ist tatsächlich $7^2 + 24^2 = 25^2$. Prüfe die Richtigkeit durch Ausrechnen. Zeige, daß $(m^2 - n^2)^2 + (2\,m\,n)^2 = (m^2 + n^2)^2$ ist. Berechne einige Zahlengruppen, a, b, c, für welche $a^2 + b^2 = c^2$ ist.

3. $a = 84$ cm, $b = 13$ cm sind die Seiten eines Rechtecks. Berechne die Diagonale d sowie die Höhe des Dreiecks a, b. d (85 cm, 12,85 cm)

4. **Gleichschenkliges Dreieck.** $a =$ Grundlinie, $b =$ Schenkel, $h =$ Höhe, die zu a; $h_b =$ Höhe, die zu b gehört. Aus den fettgedruckten Zahlen der folgenden Angaben sollen die übrigen berechnet werden.

	1)	2)	3)	4)
$a =$	**126**	**30,6**	160	30 cm,
$b =$	65	18,5	82	**113** cm,
$h =$	16	**10,4**	18	**112** cm,
$J =$	1008	159,12	1440	1680 cm²,
$h_b =$	31,02	17,2	35,12	29,73 cm.

5. **Rhombus.** $d = 120$ cm, $D = 182$ cm. d und D sind die Diagonalen. Berechne den Umfang u und den Abstand zweier Gegenseiten (436, 100,18 cm).

6. Der Radius eines Kreises ist 20 cm. Eine Sehne hat die Länge a) 6, b) 10, c) 36 cm. Berechne den Abstand x des Kreismittelpunktes von der Sehne (19,77. 19,36, 8,72 cm).

7. a und b sind zwei parallele Sehnen eines Kreises mit dem Radius r. Berechne die Entfernung x (y) der beiden Sehnen, wenn sie auf der gleichen Seite des Mittelpunktes liegen (wenn der Mittelpunkt zwischen den Sehnen liegt).

$$a = \quad 1)\ 80 \qquad 2)\ 9,6 \qquad 3)\ 4 \qquad 4)\ 4 \text{ cm.}$$
$$b = \qquad 84 \qquad\quad 11 \qquad\quad 18 \qquad\quad 8 \text{ cm.}$$
$$r = \qquad 58 \qquad\quad 7,3 \qquad\quad 10 \qquad\quad 8 \text{ cm,}$$
$$x = \qquad 2 \qquad\quad 0,7 \qquad\quad 5,44 \qquad 0,82 \text{ cm,}$$
$$y = \qquad 82 \qquad\quad 10,3 \qquad\quad 14,16 \qquad 14,67 \text{ cm.}$$

Zeichne den Kreis und die beiden Sehnen des Beispiels 4) und prüfe die Rechnung durch Nachmessen an der Figur.

8 Berechne aus der schräg gemessenen Nietteilung t_1 und der Teilung t in der Reihe den Abstand x der Nietreihen (Fig. 85)

Für $t_1 = 6$ cm, $t = 9$ wird $x = 3,97$ cm.

9. Gegeben ein Kreis mit dem Radius r und eine Gerade g, die den Kreis nicht schneidet. Fälle vom Kreismittelpunkt ein Lot auf g Seine Länge sei a. Trage vom Fußpunkt des Lotes eine Strecke b auf g ab und ziehe vom Endpunkt eine Tangente t an den Kreis. Berechne t aus a. b, r. Es wird $t = \sqrt{a^2 + b^2 - r^2}$. Für

$$a = 10,\ b = 16,\ r = 5 \text{ wird } t = 18,19 \text{ cm.}$$
$$a = 9,\ b = 4,\ r = 5 \quad „\quad t = 8,49 \quad „\ .$$

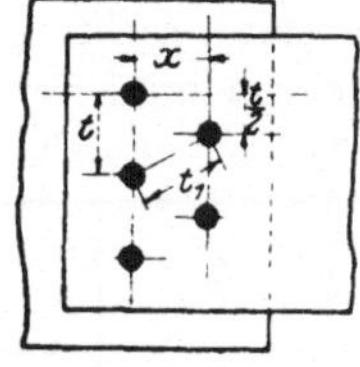

Fig. 85.

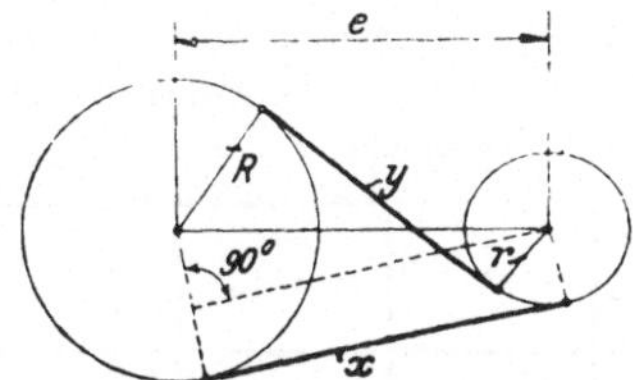

Fig. 86.

10. In Fig. 86 ist x die Länge einer äußern, y die Länge einer innern Tangente zweier Kreise mit den Radien R und r. e ist der Mittelpunktsabstand. Berechne x und y aus R, r und e.

$e =$	1) 82 cm,	2) 260 cm,	3) 6,92 m,	4) 170 cm,	5) 3,0 m,
$R =$	26 „	84 „	2,40 „	42 „	0,5 „
$r =$	8 „	20 „	0,32 „	30 „	0,2 „
$x =$	80 „	252 „	6,60 „	169,6 „	2,985 „
$y =$	74,6 „	238,2 „	6,362 „	154 „	2,917 „.

Warum ist x immer länger als y? — Für zwei Kreise, die sich von außen berühren, wird $x = 2\sqrt{Rr}$.

11. In einem Halbkreis vom Durchmesser $AB = 40$ cm werden von A aus in Abständen von je 4 cm Lote y auf AB errichtet und bis zum Kreisbogen verlängert. Berechne die Länge der vier ersten y (12,0, 16, 18,33, 19,60 cm).

12. In einem Endpunkte A eines Kreisbogens vom Radius r wird eine Tangente t gezogen. Auf t wird von A aus eine Strecke $AB = x$

abgetragen und in B ein Lot y auf t errichtet, das bis zum Kreisbogen verlängert wird. Berechne y aus x und r. $(y = r - \sqrt{r^2 - x^2})$.

α) Für $r = 50$ und $x = 10$, 20, 30, 40 cm findet man $y = 1,01$, 4,17, 10, 20 cm;

β) für $r = 120$ und $x = 20$, 40, 60, 80, 100 cm findet man $y = 1,7$, 6,9, 16,1, 30,6, 53,7 cm.

Innerhalb gewisser Grenzen kann y einfacher aus der guten Näherungsformel $y = x^2 : 2\,r$ berechnet werden. So lange x kleiner ist als $0,2\,r$, wird der aus $x^2 : 2\,r$ berechnete Wert y um weniger als $1\,^0/_0$ vom richtigen Wert y abweichen.

γ) Zeichne in einem Koordinatensystem einen Viertelskreis von $r = 10$ cm, der die x-Achse im Anfangspunkt berührt und den Mittelpunkt auf der positiven Ordinatenachse hat. Zeichne im gleichen Koordinatensystem zum Vergleiche auch die Punkte ein, die sich aus $y = x^2 : 2\,r$ ergeben, für $x = 1, 2, \ldots 10$ cm.

δ) Zeichne ein Stück eines Kreisbogens, der zu einem Radius von 1 m gehört.

13. Die fettgedruckten Zahlen in der folgenden Tabelle beziehen sich auf gegebene, die andern auf berechnete Größen eines rechtwinkligen Dreiecks. (Siehe § 8 Anfang.) Die Längen sind in mm, der Inhalt in mm² angegeben.

a	b	c	p	q	h	J
60	**80**	100	36	64	48	2400
19,7	44,3	48,5	**8**	**40,5**	18	436
40	70	80,6	19,8	60,8	34,7	**1400**
34	63,7	72,25	16	56,25	**30**	1083
12,2	17,4	21,3	**7**	14,3	**10**	106
48	55	**73**	31,56	41,44	36,16	1320

14. Von einem Punkte P im Abstande a vom Kreismittelpunkt werden die beiden Tangenten t an einen Kreis (r) gezogen, die ihn in A und B berühren. Berechne t und die Berührungssehne $s = AB$ aus r und a.

	1)	2)	3)	
$a =$	101	130	149	cm.
$r =$	20	66	51	„
$t =$	99	112	140	cm
$s =$	39,21	113,7	95,84	„

15. Ziehe in einem Kreise einen Durchmesser $AB = d$, teile diesen durch die zwei Punkte C und D in drei gleiche Teile, errichte in C und D

die Lote CE bezw. DF nach verschiedenen Seiten von AB. E und F liegen auf dem Kreise und bestimmen mit A und B ein Rechteck. Berechne die Seiten und den Inhalt des Rechtecks aus d.

$$\frac{d}{3}\sqrt{3} = 0{,}5774\,d; \quad \frac{d}{3}\sqrt{6} = 0{,}8165\,d; \quad \frac{d^2}{3}\sqrt{2} = 0{,}4714\,d^2.$$

16. **Aus der Sehne s (der Spannweite) und der Pfeilhöhe h eines Kreisbogens soll der Radius des Kreises berechnet werden.**

Anleitung. Es ist:

$$\left(\frac{s}{2}\right)^2 + (r-h)^2 = r^2,\ \text{hieraus}\ r = \frac{\left(\frac{s}{2}\right)^2 + h^2}{2h} = \frac{s^2}{8h} + \frac{h}{2}.$$

Für $h =$	1) 0,16	2) 5	3) 2	4) 5	5) 12,8 m,
$s =$	1,44	54	32	16	67,2 „
wird $r =$	1,70	75,4	65	8,9	50,5 „.

17. Die obere Begrenzungslinie in Fig. 87 ist die Hälfte eines Kreisbogens, der zu einer Spannweite $s = 30$ m gehört. Berechne den Radius r des Kreises und die Länge der Stäbe $a_1 - a_4$ aus den Angaben der Figur.

r wird 39 m. Die Sehne des Bogens ist daher vom Kreismittelpunkt um 36 m entfernt. Daher ist $a_1 = \sqrt{39^2 - 12^2} - 36 + 2 = 37{,}108 - 34 = 3.108$ m. Ähnlich findet man $a_2 = 3{,}947$ m. $a_3 = 4{,}536$ m, $a_4 = 4{,}884$ m.

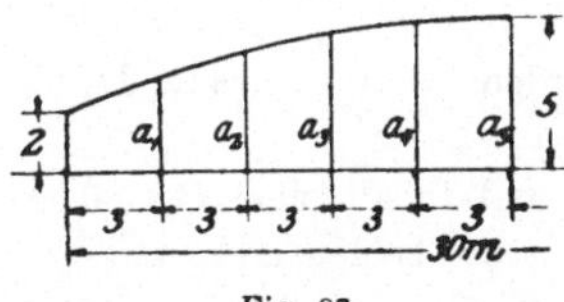

Fig. 87.

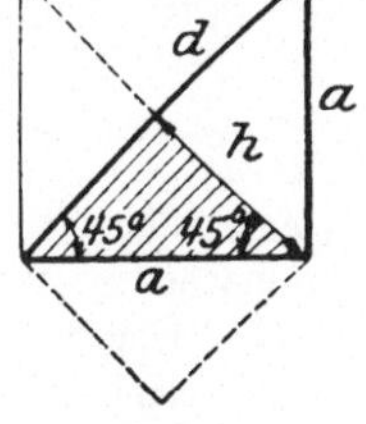

Fig. 88.

18. **Das gleichschenklige rechtwinklige Dreieck (Fig. 88).**

Wie groß sind seine Winkel? — Es kann als die Hälfte eines Quadrates aufgefaßt werden. Aus der Figur folgt:

Die Höhe h ist gleich der halben Hypotenuse.

Wir bezeichnen mit a die Katheten, mit d die Hypotenuse, dann ist:

$$d^2 = a^2 + a^2 = 2a^2;$$

also
$$d = a\sqrt{2} \qquad \sqrt{2} = 1{,}4142.$$

Hypotenuse gleich Kathete mal $\sqrt{2}$.

Will man die Kathete aus der Hypotenuse berechnen, so löst man $d = a\sqrt{2}$ nach a auf. Es ist:

$$a = \frac{d}{\sqrt{2}} = \frac{d}{\sqrt{2}} \cdot \frac{\sqrt{2}}{\sqrt{2}} = \frac{d}{2}\sqrt{2},$$

$$a = \frac{d}{2}\sqrt{2}.$$

Kathete gleich halbe Hypotenuse mal $\sqrt{2}$.

Dieses Resultat kann man unmittelbar aus dem schraffierten Dreieck ablesen; a ist die Hypotenuse und $\frac{d}{2}$ die Kathete.

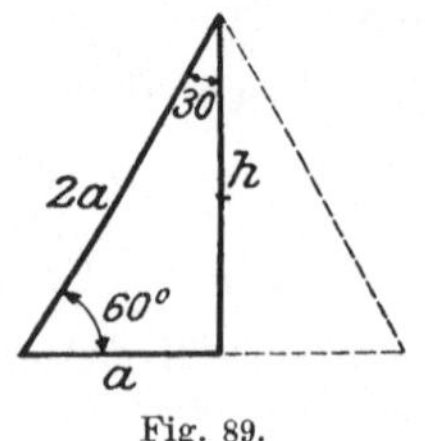

Fig. 89.

19. Das rechtwinklige Dreieck mit den Winkeln 30° und 60° (Fig. 89).

Es kann als die Hälfte eines gleichseitigen Dreiecks betrachtet werden.

Die kleine Kathete ist gleich der halben Hypotenuse.

Es sei a die kleine Kathete, h die große, $2a$ die Hypotenuse, dann ist:

$$h^2 = (2a)^2 - a^2 = 4a^2 - a^2 = 3a^2,$$

also: $\qquad h = a\sqrt{3} \qquad \sqrt{3} = 1{,}7321$ (genauer $1{,}73205$).

Große Kathete gleich kleine Kathete mal $\sqrt{3}$.

Aus $h = a\sqrt{3}$ folgt $a = \dfrac{h}{\sqrt{3}} = \dfrac{h}{\sqrt{3}} \cdot \dfrac{\sqrt{3}}{\sqrt{3}} = \dfrac{h}{3}\sqrt{3}$,

$$a = \frac{h}{3}\sqrt{3}.$$

Die folgenden Beispiele werden uns mit diesen Dreiecken vertrauter machen.

20. a, d und J sind Seite, Diagonale und Inhalt eines Quadrates. Berechne aus einer dieser drei Größen die beiden andern:

$a =$	1) 72	2) 132	3) 4,723	4) 2.347	5) 5,773 m
$J =$	5184	17 424	22,304	5,508	33,327 „
$d =$	101,8	186,7	6,679	3,318	8,164 „

Beispiel:

1. $a = 5{,}763$ m, $d = 5{,}763 \cdot 1{,}4142 = 8{,}150$ m.

2. $d = 70$ cm, $J = \dfrac{70^2}{2} = 2450$ cm², $a = \dfrac{d}{2}\sqrt{2} = 49{,}5$ cm.

21. Zeichne ein Quadrat, das doppelt so groß ist wie ein gegebenes, ohne die Seite des neuen Quadrates zu berechnen.

22. Die größere Parallele eines gleichschenkligen Trapezes mißt $a = 36$ cm, die Höhe 7,2 cm. Die Schenkel sind um 45° gegen a geneigt. Berechne die Parallele b, den Inhalt J, die Schenkel s (21,6 cm, 2,07 dm², 10,18 cm).

23. Einem Quadrat von der Diagonale $2\,h$ werden an allen vier Ecken durch Schnitte parallel zu den Diagonalen vier kongruente rechtwinklige Dreiecke von der Höhe $h:6$ abgeschnitten. Berechne den Inhalt und den Umfang der übrigbleibenden Fläche.

$$J = \frac{17}{9}\,h^2, \qquad u = 5{,}1045\,h.$$

24. In Fig. 90 ist $a = 50$ cm. Der Inhalt der schraffierten Fläche ist 736 cm². Bestimme b und x (8 cm, 5,656 cm).

25. Der Umfang eines gleichschenklig rechtwinkligen Dreiecks ist 19,68 cm. Berechne seine Seiten.

      Lösung. Die Kathete sei x, dann ist:

$$x + x + x\sqrt{2} = 19{,}68, \qquad x\,(2 + \sqrt{2}) = 19{,}68,$$

$$x = \frac{19{,}68}{2 + \sqrt{2}} = \frac{19{,}68\,(2 - \sqrt{2})}{(2 + \sqrt{2})\,(2 - \sqrt{2})} = \frac{19{,}68\,(2 - \sqrt{2})}{4 - 2} = \underline{5{,}76\ \text{cm.}}$$

Die Hypotenuse ist $\underline{8{,}14}$ cm.

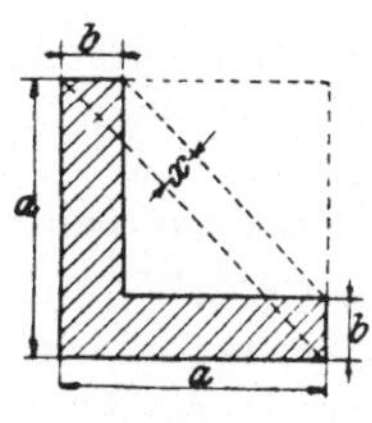

Fig. 90.

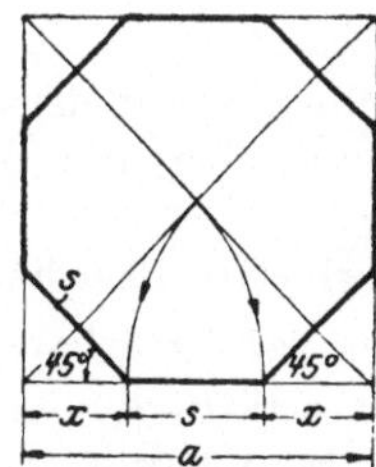

Fig. 91.

26. Einem Quadrat wird ein regelmäßiges Achteck einbeschrieben (Fig. 91). Berechne seine Seite s aus der Quadratseite a, sowie den Inhalt aus a und s.

      Es ist: $\quad a = 2\,x + s, \quad x = \dfrac{s}{2}\sqrt{2}.$ Daraus folgt:

$$a = s\,(\sqrt{2} + 1) = 2{,}4142\,s,$$
$$s = a\,(\sqrt{2} - 1) = 0{,}4142\,a,$$

Inhalt: $\quad J = a^2 - s^2 = 2\,s^2\,(1 + \sqrt{2}) = 4{,}8284\,s^2 = 2\,s\,a,$
$$J = 2\,a^2\,(\sqrt{2} - 1) = 0{,}8284\,a^2.$$

Begründe die in der Figur gegebene Konstruktion der Achteckseite.

27. Die Hypotenuse eines Dreiecks mit den Winkeln 30° und 60° mißt 40 cm. Wie lang sind die Katheten? (20, 34,64 cm.)

      Die große Kathete eines solchen Dreiecks mißt 60 cm; berechne die andere Kathete und die Hypotenuse. (34,64, 69,28 cm.)

28. Das gleichseitige Dreieck. Ist die Seite s, dann ist die Höhe h nach Aufgabe 19 gleich $\frac{s}{2}\sqrt{3}$; somit ist der Inhalt:

$$J = \left(\frac{s}{2}\right)^2 \sqrt{3} = \frac{s^2}{4}\sqrt{3} = 0{,}433\, s^2 \text{ (Dimension!)}$$

Damit kann der Inhalt unmittelbar aus s berechnet werden. Man kann J auch aus h berechnen. Es ist $h^2 = s^2 - \left(\frac{s}{2}\right)^2 = \frac{3}{4}\, s^2$; somit ist $\frac{h^2}{3} = \frac{s^2}{4}$. Ersetzt man in der Formel $J = \frac{s^2}{4}\sqrt{3}$ den Wert $\frac{s^2}{4}$ durch $\frac{h^2}{3}$, so erhält man:

$$J = \frac{h^2}{3}\sqrt{3} = 0{,}5774\ h^2.$$

29. Berechne aus einer der drei Größen s, h, J eines gleichseitigen Dreiecks die beiden andern.

$s =$ 1) 426 mm, 2) 238 mm, 3) 1,712 4) 4,716 5) 4.263 m,
$h =$ 368 mm, 205 mm, 1,483 4,085 3,692 m,
$J =$ 786 cm², 245 cm², 1,269 9,631 7,87 m².

30. Die Grundlinie eines gleichschenkligen Dreiecks mit dem Winkel 120 mißt 200 mm. Berechne die Schenkel und den Inhalt. (115,4 mm, 57,7 cm².)

31. Ein Winkel eines Rhombus ist 60°; berechne aus der Seite s die Diagonalen und den Inhalt. $(s,\ s\sqrt{3},\ J = 0{,}866\, s^2)$.

32. Das regelmäßige Sechseck. Es läßt sich in 6 gleichseitige Dreiecke zerlegen. $s =$ Seite, $d =$ Abstand zweier Gegenseiten. Man prüfe:

$$d = s\sqrt{3}, \qquad J = 2{,}5981\, s^2 = 0{,}8660\, d^2.$$

Berechne aus einer der drei Größen s, d, J die beiden andern.

$s =$ 1) 50 mm, 2) 38,1 mm, 3) 51,96 cm, 4) 18,9 cm,
$d =$ 86,6 mm, 66 mm, 90 cm, 32,7 cm,
$J =$ 64,95 cm² 37,72 cm², 70,15 dm², 924,9 cm².

33. Zeichne zwei konzentrische regelmäßige Sechsecke mit entsprechend parallelen Seiten. $s =$ Seite des größeren Sechsecks, $a =$ Abstand zweier entsprechender Seiten der beiden Sechsecke. Berechne den Inhalt der Fläche zwischen beiden Sechsecken aus s und a. Es wird

$$J = 6\, a\left(s - \frac{a}{3}\sqrt{3}\right) = 2\, a\, (3\, s - a\sqrt{3}).$$

Für $s = 8$ cm, $a = 2$ cm wird $J = 82{,}14$ cm²,
„ $s = 20$ „, $a = 4$ „ „ $J = 424{,}6$ „ .

34. Wähle auf einem Blatt Millimeterpapier den Anfangspunkt O eines Koordinatensystems in der Ecke links unten. Zeichne den Punkt P mit den Koordinaten $x = 15$, $y = 15\sqrt{2} = 21{,}21$ cm und ziehe die Gerade OP. Die Ordinate y eines beliebigen andern Punktes dieser Geraden gibt die Maßzahl für die Diagonale eines Quadrates, dessen Seite die zugehörige Abscisse mißt. Man entnehme der Figur die Längen der Diagonalen, die zu den Seiten 5, 9,3, 11 cm gehören und prüfe die Ablesung durch die Rechnung. Welche Seite gehört nach der Figur zu den Diagonalen 10, 8,4, 16.4 cm?

Zeichne auf dem gleichen Blatt einen Punkt R mit den Koordinaten $x = 15, y = \dfrac{15}{2}\sqrt{3} = 12{,}99$ cm und ziehe OR. Die Koordinaten eines beliebigen Punktes auf OR liefern die Maßzahlen für die Seite und die Höhe eines gleichseitigen Dreiecks.

Zeichne die Punkte, die sich aus $y = \dfrac{x^2}{4}\sqrt{3}$ für $x = 1,\ 2,\ 3 \ldots$ cm ergeben und verbinde die Punkte durch eine Kurve. Warum liegen wohl die Punkte nicht in einer geraden Linie? Welcher Dreiecksinhalt gehört nach der Kurve zu einer Seite $x = 7{,}2$ cm?

35. A, B, C, D seien die vier aufeinanderfolgenden Ecken eines Quadrates mit der Seite r. Schlage um D einen Viertelskreis, der durch A und C geht. Berechne aus r den Radius x des Kreises, der

1. die Seiten AD, DC und den Kreisbogen AC berührt
$$x = r(\sqrt{2}-1),$$

2. die Seiten AB, BC und den Bogen AC berührt
$$x = r(3 - 2\sqrt{2}).$$

3. die Seite DC, den Bogen AC, sowie einen Halbkreis über AD berührt. Der Halbkreis liegt im Quadrate $(x = r : 4)$.

36. AMB seien drei aufeinanderfolgende Punkte einer Geraden und es sei $AM = MB = r$. M ist der Mittelpunkt eines Halbkreises, der durch A und B geht. Zeichne auch über AM und BM als Durchmesser nach der gleichen Seite zwei Halbkreise und berechne den Radius x des Kreises, der alle drei Halbkreise berührt $(x = r : 3)$.

37. A, B, C seien die Ecken eines gleichseitigen Dreiecks mit der Seite s. Schlage um A einen Kreisbogen durch B und C und berechne den Radius x des Kreises, der die Seiten AB, AC und den Kreisbogen BC berührt $(x = s : 3)$.

Schlage auch um B und C Kreisbogen durch A und C bezw. A und B und berechne den Radius x des Kreises, der alle drei Kreisbogen berührt, $x = \dfrac{s}{3}(3 - \sqrt{3})$.

38. Berechne aus dem Radius r eines Kreises 1. die Seite des einbeschriebenen Quadrates, 2. des einbeschriebenen, 3. des umbeschriebenen gleichseitigen Dreiecks $(r\sqrt{2},\ r\sqrt{3},\ 2r\sqrt{3})$.

39. Es ist der Inhalt eines beliebigen Dreiecks aus den drei Seiten zu berechnen (Fig. 92).

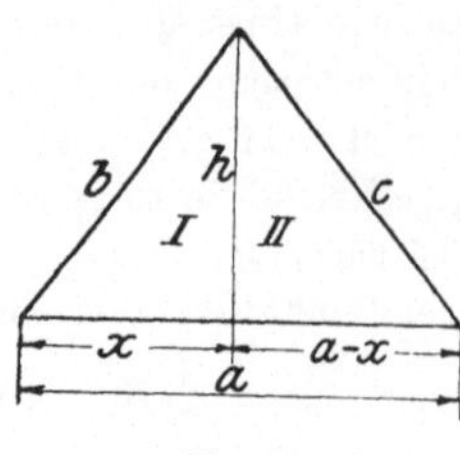

Fig. 92.

Der Inhalt ist:

$$J = \frac{a}{2} \cdot h. \qquad (1)$$

h ist unbekannt. Nach der Figur ist:

$$h^2 = b^2 - x^2, \qquad \text{(Dreieck I),} \qquad (2)$$
$$h^2 = c^2 - (a - x)^2, \qquad (\quad \text{„} \quad \text{II).} \qquad (3)$$

(2) und (3) sind zwei Gleichungen mit den zwei Unbekannten h und x; wir können daher h und x aus ihnen berechnen. Zuerst bestimmen wir x. Aus (2) und (3) folgt:

$$b^2 - x^2 = c^2 - (a - x)^2,$$
$$b^2 - x^2 = c^2 - a^2 + 2ax - x^2$$

und hieraus:

$$x = \frac{a^2 + b^2 - c^2}{2a}. \qquad (4)$$

Setzt man diesen Wert in (2) ein, dann kennt man h und damit nach (1) auch J.

Wir führen die angedeutete Rechnung im einzelnen durch und benutzen, um das Resultat in einfacher Form angeben zu können, einige übliche Abkürzungen. Zunächst schreiben wir (2) in der Form:

$$h^2 = (b + x)(b - x).$$

Setzt man (4) hier ein, so erhält man:

$$h^2 = \left(b + \frac{a^2 + b^2 - c^2}{2a} \right) \left(b - \frac{a^2 + b^2 - c^2}{2a} \right) =$$
$$\frac{2ab + a^2 + b^2 - c^2}{2a} \cdot \frac{2ab - a^2 - b^2 + c^2}{2a} =$$
$$\frac{[(a + b)^2 - c^2][c^2 - (a - b)^2]}{4a^2}.$$

Jeder Faktor im Zähler ist die Differenz zweier Quadrate, also ein Ausdruck von der Form $u^2 - v^2$. Nun ist aber $u^2 - v^2 = (u + v) \cdot (u - v)$. Daher ist:

$$h^2 = \frac{(a + b + c)(a + b - c)(c + a - b)(c - a + b)}{4a^2}. \qquad (5)$$

Wir setzen:

$$a + b + c = 2s. \qquad (6)$$

Subtrahieren wir von beiden Seiten $2a$, dann erhalten wir:

$$-a + b + c = 2s - 2a = 2(s - a). \qquad (7)$$

Subtrahiert man von beiden Seiten der Gleichung (6) $2b$ oder $2c$, dann erhält man in ähnlicher Weise:

$$a - b + c = 2(s - b),$$
$$a + b - c = 2(s - c). \qquad (8)$$

Diese Werte (6), (7) und (8) setzen wir im Zähler von (5) ein und erhalten:

$$h^2 = \frac{2s \cdot 2(s-a)\, 2 \cdot (s-b)\, 2 \cdot (s-c)}{4\,a^2} = \frac{4}{a^2}\, s\,(s-a)\,(s-b)\,(s-c).$$

Somit ist:

$$h = \frac{2}{a}\,\sqrt{s\,(s-a)\,(s-b)\,(s-c)}.$$

Schließlich setzen wir diesen Wert in (1) ein:

$$J = \frac{a}{2} \cdot \frac{2}{a}\,\sqrt{s\,(s-a)\,(s-b)\,(s-c)},$$

oder

$$J = \sqrt{s\,(s-a)\,(s-b)\,(s-c)} \qquad \text{(}s \text{ halber Umfang des Dreiecks).}$$

Prüfe die Formel auf ihre Dimension. Die Formel stammt von Heron von Alexandria (erstes Jahrhundert vor Christus), weshalb sie auch den Namen Heronsche Formel führt. Über die geometrische Bedeutung der Ausdrücke $s-a$, $s-b$, $s-c$ siehe Aufgabe 22, § 2. Siehe auch Aufgabe 17. § 7. Ist der Inhalt eines Dreiecks bekannt, so kann man, wenn die Seiten gegeben sind, auch die drei Höhen h_a h_b. h_c berechnen. Zahlenbeispiele liefert die folgende Tabelle:

	a	b	c	J	h_a	h_b	h_c
1.	68	75	77	2310	67,94	61,6	60
2.	13	14	15	84	12,92	12	11,2
3.	14,5	2,5	15	18	2,48	14,4	2,4
4.	6	7	9	20,976	6.99	5,99	4,66

Leite aus der Heronschen Formel die Inhaltsformeln für das gleichseitige, gleichschenklige und rechtwinklige Dreieck ab.

40. Die mittlere Proportionale oder das geometrische Mittel. Man versteht unter der mittleren Proportionalen oder dem geometrischen Mittel zweier Zahlen a und b die Quadratwurzel aus dem Produkte der beiden Zahlen, also den Ausdruck:

$$x = \sqrt{a\,b}.$$

Unter dem arithmetischen Mittel versteht man die Summe zweier (oder mehrerer) Zahlen dividiert durch ihre Anzahl, also für zwei Zahlen a und b

$$y = \frac{a+b}{2}.$$

So ist für $a = 5$, $b = 11$, $x = 7{,}416$ und $y = 8$.

Werden die Größen a und b durch Strecken dargestellt, so kann man x und y leicht konstruieren. Die Konstruktion von y ist ohne weiteres verständlich. Zur Konstruktion des geometrischen Mittels kann man jeden Satz der Geometrie benutzen, der aussagt, daß ein gewisses Rechteck einem Quadrate inhaltsgleich ist, so

z. B. die Sätze 2 und 4 in § 8. Denn sind a und b die Rechtecksseiten und ist x die Seite des Quadrates, dann ist $x^2 = a\,b$, also $x = \sqrt{a\,b}$.

Die Fig. 93 und 94 zeigen die Konstruktion einer Strecke von der Länge $\sqrt{a\,b}$, wenn a und b gegeben sind.

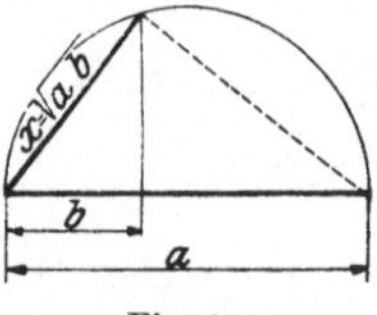

Fig. 93.

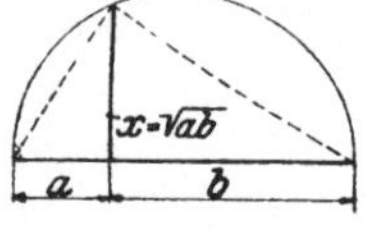

Fig. 94.

Fig. 93 stützt sich auf Satz 2, Fig. 94 auf Satz 4 in § 8. Die gestrichelten Linien sind zur Konstruktion nicht erforderlich.

Mit Hilfe dieser Figuren kann man auf rein zeichnerischem Wege die Quadratwurzel aus einer Zahl auf einige Stellen genau bestimmen. Soll z. B. $\sqrt{14}$ konstruiert werden, so macht man in den Figuren $a = 7$, $b = 2$ cm, dann wird $x = \sqrt{14}$.

Unter Benutzuug des Ausdrucks „mittlere Proportionale" kann man den Sätzen 2 und 4 in § 8 eine andere Fassung geben. So lautet Satz 4: Die Höhe eines rechtwinkligen Dreiecks ist die mittlere Proportionale zu den beiden Hypotenusenabschnitten. Ähnlich formuliert man Satz 2.

41. Einige Verwandlungsaufgaben, die sich auf die Sätze 2, 3 und 4, § 8 stützen. Ein Quadrat zu zeichnen:
α) das den gleichen Inhalt hat wie ein Rechteck mit den Seiten a und b (Sätze 2 und 4 in § 8),
β) das gleich ist dem 3., 4., 5. ... Teil eines gegebenen Quadrates (Sätze 2 und 4),
γ) das gleich ist der Summe dreier Quadrate mit den Seiten a, b, c (Satz 3),
δ) das gleich ist der Differenz zweier Quadrate mit den Seiten a und b (Satz 3).

In allen diesen Aufgaben ließe sich natürlich die Seite des gesuchten Quadrates auch unmittelbar aus a, b (c) berechnen und nachher konstruieren.

Es seien a, b, c beliebige gegebene Strecken. Konstruiere (und prüfe nachträglich durch die Rechnung) die Ausdrücke $a\sqrt{2}$, $a\sqrt{3}$,
$$\sqrt{a^2 + b^2}, \quad \sqrt{a^2 - b^2}, \quad \sqrt{a^2 + b^2 + c^2}, \quad \sqrt{a\,b}, \quad \sqrt{a \cdot \frac{a}{3}}.$$

§ 10. Der Kreis.

1. Der Umfang des Kreises. Wir denken uns in und um einen Kreis der Reihe nach ein regelmäßiges 3-, 6-, 12- ... Eck gezeichnet. Die Umfänge der einbeschriebenen bezw. umbeschriebenen Vielecke seien u_3, u_6, u_{12} ... bezw. U_3, U_6, U_{12} ... Man wird an einer Figur leicht erkennen, daß

$$u_3 < u_6 < u_{12} < \ldots <\text{ als der Umfang des Kreises}$$
und $U_3 > U_6 > U_{12} > \ldots > \quad„ \quad „ \quad „ \quad „ \quad „ \quad$ ist.

Mit wachsender Seitenzahl drängen sich die Vielecke sowohl von außen als von innen immer näher an die Kreislinie heran. Der Umfang des Kreises ist der Grenzwert, dem sowohl die Umfänge der einbeschriebenen, als auch die der umbeschriebenen Vielecke zustreben. Der Kreis erscheint als ein Vieleck mit unendlich vielen aber unendlich kleinen Seiten. Indem man die Umfänge der ein- und umbeschriebenen Vielecke für immer größere und größere Seitenzahlen berechnet, wird man auch dem Umfange des Kreises immer näher rücken. Schon im 3. Jahrhundert vor Christus hat Archimedes von Syrakus mit Hilfe des einem Kreise ein- und umbeschriebenen 96-Ecks gefunden, daß der Umfang des Kreises etwas kleiner sei als das $3\frac{1}{7}$fache und etwas größer als das $3\frac{10}{71}$fache des Durchmessers ($3\frac{1}{7} = 3{,}1428$; $3\frac{10}{71} = 3{,}1408$). Man bezeichnet die Zahl, mit der man den Durchmesser eines Kreises multiplizieren muß, seit ungefähr 200 Jahren allgemein mit dem griechischen Buchstaben π (Pi). Genaue Untersuchungen haben ergeben, daß π ein unendlicher, nicht periodischer Dezimalbruch ist, dessen erste Stellen lauten: $3{,}14159\ldots$ Für die Rechnungen begnügt man sich mit den ersten Stellen von π. Wir benutzen in Zukunft immer den Wert

$$\pi = 3{,}1416 \tag{1}$$

in Verbindung mit den abgekürzten Rechenoperationen.

Der Umfang eines Kreises wird somit gefunden, indem man den Durchmesser mit π multipliziert.

Bezeichnet u den Umfang, d den Durchmesser, r den Radius, so ist

$$u = d\,\pi = 2\,r\,\pi, \tag{2}$$

π ist als Verhältnis vom Umfang zum Durchmesser eine **reine Zahl**.

2. Der Inhalt des Kreises. Die Inhalte der einem Kreise umbeschriebenen regelmäßigen 3-, 6-, 12- ... Ecke sind nach § 6

(Tangentenvieleck) der Reihe nach gegeben durch $J_3 = U_3 \cdot \dfrac{r}{2}$;

$J_6 = U_6 \cdot \dfrac{r}{2}$; $J_{12} = U_{12} \cdot \dfrac{r}{2}$ usw. Die Inhalte der Vielecke nähern sich mit wachsender Seitenzahl unbegrenzt dem Inhalte des Kreises, während ihre Umfänge sich dem Kreisumfang nähern. Für den Inhalt des Kreises ergibt sich so die Formel

$$J = u \cdot \frac{r}{2} = \frac{\mathrm{Umfang} \times \mathrm{Radius}}{2}. \tag{3}$$

Nach (2) ist $u = 2\,r\pi$, also $J = 2\,r\pi \cdot \dfrac{r}{2} = r^2\pi$, oder auch, da $r = \dfrac{d}{2}$ ist:

$$J = r^2\,\pi = \frac{d^2}{4} \cdot \pi. \tag{4}$$

Der Inhalt eines Kreises wird somit gefunden, indem man das Quadrat des Radius mit π multipliziert.

Man beachte die Dimension der Formeln 2 und 4.

Umfang (eine Linie) = Durchmesser (eine Linie) $\times\,\pi$.

Inhalt (Fläche) = Quadrat des Radius (Fläche) $\times\,\pi$ (Fig. 95).

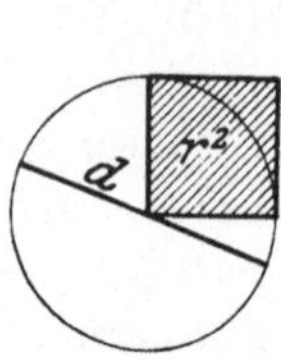

Fig. 95.

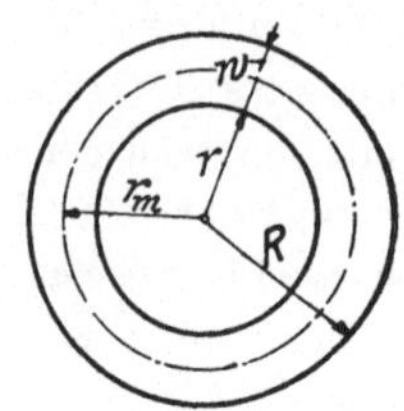

Fig. 96.

3. Der Kreisring (Fig. 96). Seine Fläche ist die Differenz zweier Kreisflächen. Daher ist:

$$J = R^2\pi - r^2\pi = \pi\,(R^2 - r^2) = \pi\,(R + r)\,(R - r)$$
$$= 2\,\pi \cdot \frac{R + r}{2} \cdot (R - r).$$

Nun ist $R - r = w =$ Wandstärke.

$$\frac{R + r}{2} = r_m = \text{Radius des mittleren Kreises.}$$

Daher ist $\qquad\qquad J = 2\,\pi\,r_m \cdot w;$

$\qquad 2\,\pi\,r_m =$ Umfang des mittleren Kreises $= u_m$.

$$J = u_m . w = \text{Umfang des mittleren Kreises} \times \text{Wandstärke}$$

oder auch $$J = \pi (R^2 - r^2) = \frac{\pi}{4} (D^2 - d^2) \qquad (5)$$

$u_m = \dfrac{U + u}{2}.$ Inwiefern erinnert die Formel $J = u_m . w$ an die Inhaltsformel eines Trapezes?

4. Der Kreisbogen. Das Bogenmaß eines Winkels (Fig. 97). Umfang des ganzen Kreises $= 2\,r\,\pi$. Einem Zentriwinkel von 1^0 entspricht daher eine Bogenlänge $\dfrac{2\,r\,\pi}{360} = \dfrac{r\,\pi}{180}.$ Ist der Zentriwinkel nicht 1^0, sondern α^0, dann ist das entsprechende Bogenstück b das α-fache von $\dfrac{\pi\,r}{180}$; es ist also:

$$\text{Bogenlänge } b = \frac{r\,\pi}{180} \cdot \alpha^0, \qquad (6)$$

dividiert man Gleichung (6) durch r, so erhält man:

$$\frac{b}{r} = \frac{\pi}{180^0} \cdot \alpha^0. \qquad (7)$$

Diesen Quotienten: **Bogen durch Radius** nennt man das **Bogenmaß eines Winkels** α^0. Als Quotient zweier Längen ist das Bogenmaß eine **reine Zahl**, die sich aber bequem geometrisch veranschaulichen läßt (Fig. 97). Man denke sich um den Scheitel eines Winkels einen Kreis mit dem Radius 1, der Längeneinheit, geschlagen. Zum Winkel α gehört auf diesem

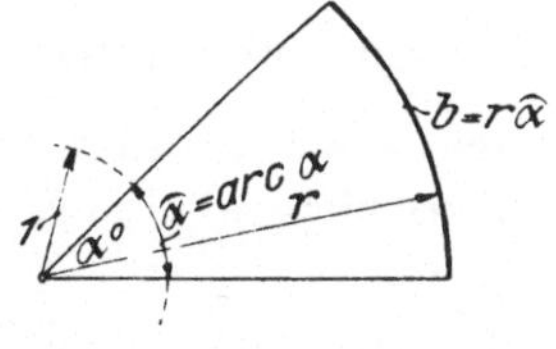

Fig. 97.

Einheitskreis nach (6) ein Bogenstück von der Länge $\dfrac{1 . \pi . \alpha^0}{180^0}$

$= \dfrac{\pi}{180^0} \cdot \alpha^0$; das ist aber der Ausdruck (7). **Das Bogenmaß eines Winkels stimmt also genau mit der Maßzahl des zwischen seinen Schenkeln liegenden Bogens im Einheitskreis überein.** Die reine Zahl, das Bogenmaß des Winkels, wird durch die Länge des Bogens geometrisch dargestellt; der Bogen ist der sichtbare Träger der reinen Zahl. Man bezeichnet das Bogenmaß eines Winkels von α^0 mit $\widehat{\alpha}$ oder mit $arc\ \alpha^0$ (gelesen: Arkus α; arcus heißt Bogen). Es ist demnach:

$$\frac{\textbf{Bogen}}{\textbf{Radius}} = \frac{b}{r} = \frac{\pi}{180}\,\alpha^0 = \widehat{\alpha} = arc\ \alpha^0 \tag{8}$$
$$= \textbf{\textit{Bogenmaſs des Winkels}}\ \alpha^0.$$

Wir besitzen von jetzt an zweierlei Maß zum Messen eines Winkels: das Gradmaß (§ 1) und das Bogenmaß.

Die folgenden Beziehungen sind leicht zu merken:

dem Gradmaß 360⁰ entspricht das Bogenmaß 2π,

„ „ 180⁰ „ „ „ $\pi,$

„ „ 90⁰ „ „ „ $\dfrac{\pi}{2}$,

„ „ 60⁰ „ „ „ $\dfrac{\pi}{3}$ usw.

Ganz allgemein steht das Bogenmaß mit dem Gradmaß nach (8) in der Beziehung:

$$\widehat{\alpha} = \frac{\pi}{180}\cdot\alpha^0,$$

daher ist:

$$\alpha^0 = \frac{180}{\pi}\cdot\widehat{\alpha}. \tag{9}$$

Die Umwandlung des einen Maßes in das andere geschieht also durch Multiplikation mit den Brüchen $\dfrac{\pi}{180}$ und $\dfrac{180}{\pi}$. Für den letzten Wert ist auch die Bezeichnung ϱ^0 gebräuchlich, z. B. auf Rechenschiebern. Durch Ausrechnen findet man:

$$\frac{\pi}{180^0} = 0{,}017\,45,$$
$$\frac{180^0}{\pi} = 57{,}2958^0 = \varrho^0. \tag{10}$$

Es ist z. B.: $arc\ 66^0 = \dfrac{\pi}{180}\cdot 66 = 1{,}1519.$

Am einfachsten gestalten sich die Umrechnungen mit Hilfe der **Tabellen** I und II am Schlusse des Buches. Tabelle I enthält unter der Überschrift „Bogenlänge“ das Bogenmaß des links davon stehenden Gradmaßes (1⁰ — 180⁰); Tabelle II enthält die Werte für die Minuten und Sekunden. Man beachte:

$$arc\ 2^0 = 2\,.\,arc\ 1^0 = 2\,.\,0{,}017\,45 = 0{,}0349,$$
$$arc\ 1' = \frac{1}{60}\,arc\ 1^0 = 0{,}0029.$$

Beispiele.

$\alpha^0 = 26^0\ 24'$; $\widehat{\alpha} = ?$

arc $26^0 = 0{,}4538$

arc $24' = 0{,}0070$

$\widehat{\alpha} = 0{,}4608$

$\widehat{\alpha} = 1{,}1456$; $\alpha^0 = ?$

Es ist $\widehat{\alpha} = 1{,}1456$

(Nach der Tabelle) arc $65^0 = 1{,}1345$

Rest $= 0{,}0111$

(Nach der Tabelle) arc $38' = 0{,}0111$

Rest $\quad 0$

also ist $\alpha = 65^0\ 38'$.

Man rechne auch beide Beispiele nach (9).

Nach diesen Bemerkungen kehren wir zur Formel (6) zurück. **Es war:**

$$b = \frac{r\,\pi}{180}\,\alpha^0 = r \cdot \frac{\pi}{180}\,\alpha^0.$$

Nach (9) ist $\frac{\pi}{180}\,\alpha^0 = \widehat{\alpha}$, somit ist:

$$b = r\,\widehat{\alpha}, \tag{11}$$

d. h.: Der Bogen, der in einem beliebigen Kreise zum Zentriwinkel α^0 gehört, wird aus dem entsprechenden Bogen im Einheitskreis einfach durch Multiplikation mit dem Radius r gefunden (Fig. 97).

5. Der Kreisausschnitt oder Kreissektor (Fig. 97). Inhalt des ganzen Kreises $= r^2\,\pi$; daher hat ein Sektor von 1^0 Zentriwinkel den Inhalt $\frac{r^2\,\pi}{360}$; mißt der Zentriwinkel nicht 1^0, sondern α^0) **so** ist der Inhalt der Sektorfläche gegeben durch:

$$J = \frac{r^2\,\pi}{360^0}\,\alpha^0. \tag{12}$$

Formel (12) kann auch so geschrieben werden:

$$J = \frac{r\,\pi}{180}\,\alpha^0 \cdot \frac{r}{2}$$

oder, da $\qquad \dfrac{r\,\pi}{180}\,\alpha^0 = b,$

ist $\qquad J = \dfrac{b\,r}{2} = \dfrac{\text{Bogen} \times \text{Radius}}{2}.$ $\tag{13}$

Beachte die Ähnlichkeit dieser Formel mit der Inhaltsformel eines Dreiecks $\left(J = \dfrac{g\,h}{2}\right)$.

Nach (11) ist $b = r\,\widehat{\alpha}$, daher ist der Inhalt des Sektors auch gegeben durch:

$$J = \frac{b\,r}{2} = \frac{r\,\overset{\frown}{\alpha}\cdot r}{2} = \frac{r^2}{2}\cdot\overset{\frown}{\alpha}$$

oder
$$\boldsymbol{J} = r^2\cdot\frac{\overset{\frown}{\alpha}}{\boldsymbol{2}}\cdot \tag{14}$$

Ist $r = 1$ und bezeichnen wir die Maßzahl für den Inhalt des entsprechenden Sektors im Einheitskreis mit J_1, dann ist:

$$J_1 = 1^2\cdot\frac{\overset{\frown}{\alpha}}{2} = \frac{\overset{\frown}{\alpha}}{2}$$

und daher ist nach (14) $\quad \boldsymbol{J} = r^2\cdot\boldsymbol{J_1}$,
d h.: **Der Inhalt eines beliebigen Sektors ist das r^2-fache vom Inhalt des entsprechenden Sektors im Einheitskreis. Das halbe Bogenmaß eines Winkels ist zugleich die Maßzahl für die entsprechende Sektorfläche im Einheitskreis.**

6. Der Kreisringsektor. Fig. 98 ist die Differenz zweier Sektoren:

$$J = \frac{R^2\,\pi}{360}\,\alpha^0 - \frac{r^2\,\pi}{360}\,\alpha^0 = \frac{\pi\,\alpha}{360}\,(R^2 - r^2)$$
$$= \frac{\pi\,\alpha}{360}\,(R+r)\,(R-r) = \frac{\pi\,\alpha}{180}\cdot\frac{R+r}{2}\cdot(R-r).$$

$$R - r = w = \text{Wandstärke}; \quad \frac{R+r}{2} = r_m = \text{mittlerer Radius};$$

$$\frac{\pi\,\alpha}{180}\cdot r_m = b_m = \text{mittlerer Bogen.} \quad \text{Daher ist:}$$

$$\boldsymbol{J} = \boldsymbol{b_m}\cdot\boldsymbol{w} = \text{mittlerer Bogen} \times \text{Wandstärke.} \tag{15}$$

Beachte die Ähnlichkeit dieser Formel mit der Inhaltsformel eines Trapezes.

Ist B der längere, b der kürzere Bogen, dann ist:

$$b_m = \frac{B+b}{2}\cdot$$

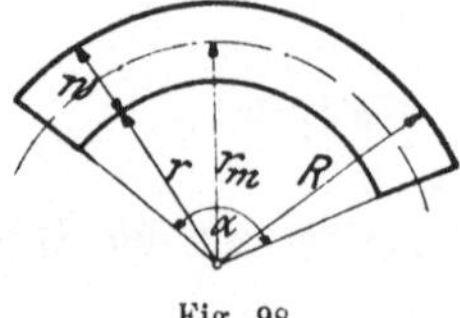

Fig. 98.

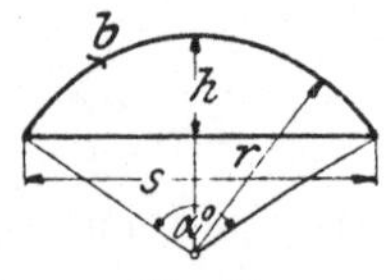

Fig. 99.

7. Der Kreisausschnitt oder das Kreissegment (Fig. 99). Subtrahiert man vom Sektor mit dem Zentriwinkel α^0, das Dreieck mit den Seiten r, r, s, so erhält man das Segment. Sein Inhalt ist daher gegeben durch:

$$J = \frac{b\,r}{2} - \frac{s\,(r-h)}{2}.$$ (16)

In den meisten Fällen ist entweder nur r und α oder s und h bekannt und die übrigen Größen müssen berechnet werden. Man kommt aber dabei auf Aufgaben, die mit den einfachen Mitteln der Planimetrie nicht lösbar sind. So können wir z. B. den Inhalt des Dreiecks aus r und α im allgemeinen nicht berechnen.

Wir geben im folgenden zwei Näherungsformeln, mit denen man den Inhalt eines flachen Kreissegments ziemlich genau bestimmen kann.

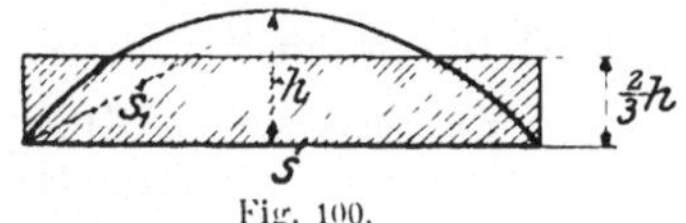

Fig. 100.

Die Fläche eines flachen Kreissegments ist angenähert ($\sim$) gleich zwei Dritteln des Rechtecks, das aus der Sehne s und der Pfeilhöhe h gebildet werden kann (Fig. 100).

$$J = \sim \frac{2}{3}\,s\,h.$$ (17)

Solange der Zentriwinkel α kleiner ist als ungefähr 50° oder, was damit gleichbedeutend ist, solange h kleiner ist als $\frac{1}{9}\,s$ oder $\frac{1}{11}\,r$, erhält man hieraus einen Inhalt, der sich vom richtigen Inhalt um weniger als $1^0/_0$ unterscheidet. Der nach (17) berechnete Inhalt ist zu klein.

Viel besser ist die folgende Formel:

$$J = \sim \frac{2}{3}\,s\,h + \frac{h^3}{2\,s} = \frac{h}{6\,s}\,(4\,s^2 + 3\,h^2),\,^1)$$ (18)

wie wir an Beispielen in folgenden Paragraphen zeigen werden.

Auch die Bogenlänge b (Fig. 99 und 100) kann aus s und h angenähert bestimmt werden, es ist

$$b = \sim \frac{8\,s_1 - s\,^1)}{3},$$ (19)

worin s_1 die Sehne bedeutet, die zum halben Bogen gehört, und die sich aus s und h ja leicht berechnen läßt.

Wir werden in einem späteren Paragraphen zeigen, wie man den Flächeninhalt eines beliebigen Kreissegments aus dem entsprechenden Segment am Einheitskreis berechnen kann.

Wer sich für die Geschichte des Kreises interessiert, der sei auf das kleine Büchlein: „Die Quadratur des Kreises" von **E. Beutel**. 12. Bändchen der „mathematischen Bibliothek" hingewiesen. (Verlag Teubner.)

$^1)$ Nach J. Perry: Angewandte Mechanik, S. 7. (Teubner.)

§ 11. Aufgaben über den Kreis.

1. In einem technischen Kalender sind die folgenden Beziehungen zwischen dem Durchmesser d und dem Inhalt J eines Kreises angegeben.
$$d = 1{,}1284 \sqrt{J}, \qquad J = 0{,}7854\, d^2, \qquad \sqrt{J} = 0{,}8862\, d.$$
Prüfe die Angaben auf ihre Richtigkeit. — Beweise: Der Umfang u kann aus dem Inhalt J nach $u = \sqrt{4\pi J}$ berechnet werden.

2. Berechne aus einer der drei Größen d, u, J die beiden andern.

$d =$	1) 30	2) 2,480	3) 37,5	4) 2,467	5) 5,31	6) 0,231 m.
$u =$	94,25	7,791	117,8	7,749	16,68	0,726 m,
$J =$	706,86	4,831	1104,5	4,779	22,14	0,042 m².

Die bei solchen Aufgaben auftretende Division durch π kann durch die Multiplikation mit $\dfrac{1}{\pi} = 0{,}3183$ ersetzt werden. Tabellen über Kreisumfänge und Kreisinhalte erleichtern die Arbeit bedeutend.

3. Der Abstand der Mittelpunkte zweier gleich großer Riemenscheiben beträgt 3 m. Die Durchmesser der Scheiben sind 520 mm Wie lang muß der offene Riemen sein, wenn man für das Zusammennähen 20 cm zugibt? 7,834 m.

4. Ein Leitungsdraht hat einen Querschnitt von 50 mm². Wie groß ist der Durchmesser? 7,98 mm.

5. Ein Drahtseil soll eine Last von 5000 kg tragen. Auf den Quadratzentimeter des Querschnitts ist eine Belastung von 700 kg zulässig. Welchen Durchmesser muß das Seil haben? $\sim$ 31 mm.

6. Über der kürzern obern Seite a eines Rechtecks ist ein Halbkreis angefügt. Die Höhe der ganzen Figur (Rechteck $+$ Halbkreis) sei b. Berechne aus a und b den Umfang u und den Inhalt J der Figur.
    Für $a = 1{,}2$ dm, $b = 5$ dm wird $u = 11{,}885$ dm. $J = 5{,}845$ dm²,
    „ $a = 8$ cm, $J = 100$ cm² wird $b = 13{,}38$ cm.

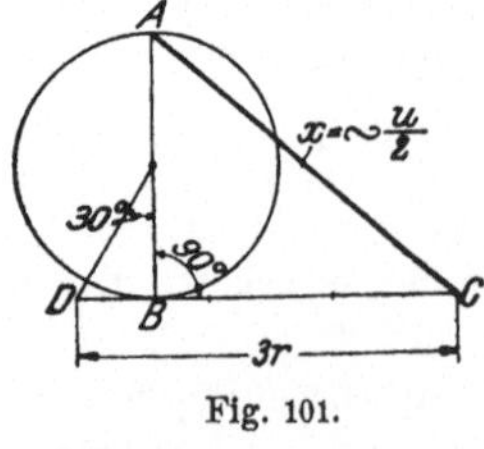

Fig. 101.

7. Beweise: Die Strecke $AC = x$ in Fig. 101 ist fast genau gleich dem halben Kreisumfang. (Konstruktion von Kochansky, 1685.)[1]

Anleitung: Berechne x aus dem rechtwinkligen Dreieck ABC. $AB = 2r$, $BC = 3r - BD$, $BD = r : \sqrt{3}$. Man findet $x = 3{,}14153\, r$ statt $3{,}14159\, r$. Wie groß ist der Fehler für $r = 1$ m?

8. Zeichne einen Kreis, dessen Fläche gleich ist der Summe zweier Kreise mit den Radien a und b. ($x = \sqrt{a^2 + b^2}$, wenn x der Radius des gesuchten Kreises ist.)

---

[1] Die Berechnung der Länge einer Kurve nennt man auch Rektifikation der Kurve.

9. Man berechne aus zwei der Größen D, d, w, J eines **Kreisrings** die beiden andern (Fig. 96):

$d =$	1) 10	2) 3,18	3) 1,68	4) 7,73	5) 46,4	6) 66,5 cm.
$D =$	14,44	6,80	5,66	17,73	66,4	106,5 cm,
$w =$	2,22	1,81	1,99	5	10	20 cm,
$J =$	85.36	28,37	22,94	200	1772	5435 cm².

Ist z. B. J und w gegeben, so kann man u_m oder d_m berechnen. Es ist dann $D = d_m + w$, $d = d_m - w$.

10. Zeichne zwei Kreise mit verschiedenen Mittelpunkten M_1. M_2, so daß der eine Kreis ganz im Innern des andern liegt. (Exzentrische Kreise) Ziehe durch $M_1 M_2$ eine Sekante g. Auf g liegen der kleinste und der größte Peripherieabstand b und a der beiden Kreislinien $(a > b)$. Berechne aus a und b die Entfernung $e = M_1 M_2$, die **Exzentrizität** der beiden Kreise. Es wird $e = 0,5\,(a - b)$.

11. Beweise: Bei allen **Kreisringen** von der gleichen Wandstärke unterscheiden sich die Umfänge der beiden Kreise um den gleichen Betrag.

12. Berechne den Inhalt der beiden Fig. 102 und 103. Die Maße sind Millimeter (25,03 cm², 988 cm²).

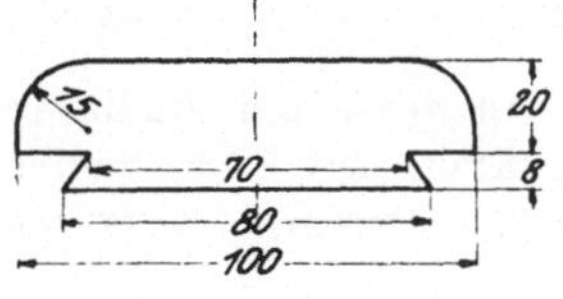

Fig. 102.

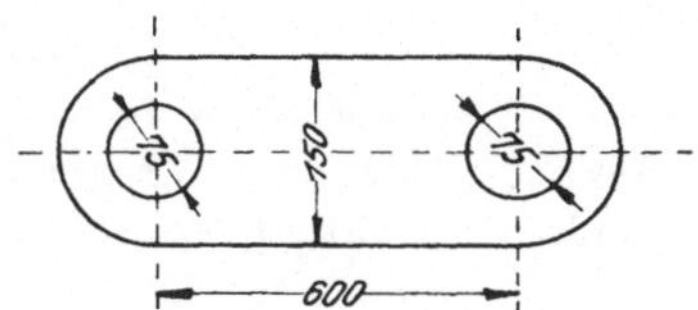

Fig. 103.

13. Beweise: Ein **Viertelkreis** um die Ecke eines Quadrates durch die beiden benachbarten Ecken zerlegt das Quadrat in zwei Teile, deren Inhalte sich nahezu wie $3 : 11$ verhalten $(\pi = 22 : 7)$.

14. Der Inhalt der Fig. 104 ist zu berechnen für $h = 10$, $b = 8$, $d = 1$, $r = 4$ cm ($J = 20,43$ cm²); für $h = 12$, $b = 20$, $d = 2$ cm und $J = 68$ cm² wird $r = 6,1$ cm.

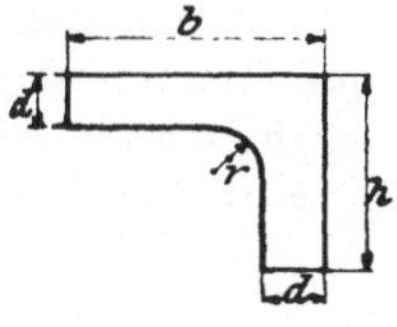

Fig. 104.

15. Ein **Zahnrad** soll 80 Zähne erhalten; die „Teilung t", das ist der Abstand von Zahnmitte zu Zahnmitte auf dem **Bogen** des Teilkreises gemessen, betrage 11 mm. Bestimme den Durchmesser des Teilkreises ($d = 280$ mm).

16. Die Teilung t wählt man gewöhnlich als ein bequemes **Vielfaches** von π. So ist in dem vorhergehenden Beispiel $11 = 3^1/_2 . \pi$. Den Faktor vor π, hier $3^1/_2$, nennt man den „**Modul**" der Zahnteilung. Es bezeichne M den Modul, t die Teilung, z die Zähnezahl, d den Durchmesser des Teilkreises, dann ist $t = M . \pi$.

Umfang $= d\pi = t \cdot \mathfrak{z} = M \cdot \pi \cdot \mathfrak{z}$; aus dieser Gleichung folgt

$$d = M \cdot \mathfrak{z},$$

d. h. **Durchmesser des Teilkreises = Modul $\times$ Zähnezahl.**
Die Zähnezahl eines Zahnrades ist 60, der Modul $2^1/_2$. Wie groß ist
die Teilung t und wie groß der Durchmesser des Teilkreises?

$$t = 7{,}854 \text{ mm}, \qquad d = 150 \text{ mm}.$$

Wieviel Zähne erhält ein Rad bei 26 cm Teilkreisdurchmesser und
7,85 mm Teilung? $\mathfrak{z} = 104$, $M = 2^1/_2$.

Weitere Beispiele:

$t =$	1) 6,28	2) 25,13	3) 34,56	4) 18,85 mm,
$\mathfrak{z} =$	88	70	84	100
$d =$	176	560	924	600 mm.

17. Eine Welle drehe sich mit gleichförmiger Geschwindigkeit um ihre
Achse. Ein Punkt des Umfangs legt bei einer Umdrehung den Weg
$2\pi r$, bei n Umdrehungen in der Minute den Weg $n \cdot 2\pi r$ zurück.
Somit ist der von einem Punkte am Umfange der Welle in einer
Sekunde zurückgelegte Weg, d. h. die Umfangsgeschwindig-
keit v:

$$v = \frac{n \cdot 2\pi r}{60} = \frac{\pi r n}{30}. \tag{1}$$

Der von einem beliebigen, aber fest gewählten Radius pro
Sekunde überstrichene Bogen auf einem Kreise mit dem Radius 1
heißt die Winkelgeschwindigkeit ω (lies: Omega). Es ist somit

$$\omega = \frac{\pi n}{30}. \tag{2}$$

Aus (1) und (2) folgt

$$v = r \cdot \omega.$$

Eine Welle macht 200 Touren pro Minute; wie groß ist ihre
Umfangs- und Winkelgeschwindigkeit bei einem Durchmesser von
24 cm? $v = 2{,}51$ m/sec. $\omega = 20{,}94$ pro Sekunde.

Wie viele Touren müßte eine Welle von 15 cm Durchmesser
pro Minute ausführen, um eine Umfangsgeschwindigkeit von 10 m/sec.
zu besitzen? 1273.

18. Die in Fig. 105 gezeichnete Kurve setzt sich aus zwei Kreisbogen
zusammen. Berechne ihre Länge l
aus r, R, α, β. $(l = r \widehat{\alpha} + R \cdot \widehat{\beta})$.
Für $r = 20$ cm; $\alpha = 75^0$; $R = 32$ cm;
$\beta = 82^0$ wird $l = 71{,}98$ cm. Für
$r = 53$ cm; $\alpha = 22^0$; $R = 104$ cm;
$\beta = 110^0$ wird $l = 220$ cm.

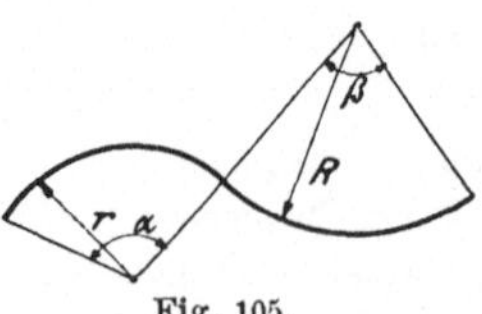

Fig. 105.

19. Eine Halbkreisfläche wird durch
einen Radius, der mit dem Durch-
messer einen Winkel von 60^0 einschließt, in zwei Sektoren zerlegt.

Beweise, daß der Bogen des größeren Sektors gleich ist dem Umfange des Kreises, der dem kleineren Sektor einbeschrieben werden kann.

20. MA und MB seien zwei Radien eines Kreises, die einen spitzen Winkel miteinander einschließen. C sei der Mittelpunkt von MB. Schlage um C einen Kreis durch M und B und beweise, daß die zwischen den Radien MA und MB liegenden Bogenstücke der beiden Kreise die gleiche Länge haben.

21. Um wieviel ist der äußere Bogen B eines Kreisringausschnittes länger als der innere Bogen b? Ist α der Zentriwinkel, w die Wandstärke, dann ist $B - b = w\,\widehat{\alpha}$. Wie verändert sich das Resultat für verschiedene Figuren, aber gleichem w und α? Konstruiere einen Bogen von der Länge $w\,\widehat{\alpha}$.

22. Zu den folgenden Winkeln α^0 soll das darunter stehende **Bogenmaß** $\widehat{\alpha}$ mit Hilfe der Tabelle berechnet werden.

$$\alpha^0 = \quad 1)\ 28^0\ 24' \qquad 2)\ 70^0\ 51' \qquad 3)\ 143^0\ 18' \qquad 4)\ 208^0\ 35'$$
$$\widehat{\alpha} = \qquad 0{,}4957 \qquad\quad 1{,}2365 \qquad\qquad 2{,}5010 \qquad\qquad 3{,}6405$$

23. Bestimme mit Hilfe der Tabelle das zu dem Bogenmaß $\widehat{\alpha}$ gehörige **Gradmaß** α^0 der Winkel.

$$\widehat{\alpha} = \quad 1)\ 0{,}5706 \qquad 2)\ 0{,}9918 \qquad 3)\ 1{,}7153 \qquad 4)\ 3{,}9463$$
$$\alpha^0 = \qquad 32^0\ 42' \qquad\quad 56^0\ 50' \qquad\quad 98^0\ 17' \qquad\quad 226^0\ 7'$$

Führe die Rechnungen auch durch mit Hilfe der Gleichungen (9) und (10) in § 10.

24. **Graphische Darstellung des Zusammenhangs zwischen Gradmaß und Bogenmaß.**

Man zeichne auf einem Bogen Millimeterpapier ein Koordinatenkreuz nach Art der Fig. 106. Als Abscissen trage man das Gradmaß, als zugehörige Ordinaten das Bogenmaß ab. Man wähle die Strecken 0^0—10^0, 10^0—20^0 usw., je gleich 2 cm, und mache die Strecke 90^0—P gleich dem Bogenmaß von 90^0, also gleich $\dfrac{\pi}{2} = 1{,}5708$. Man wählt praktisch die Längeneinheit für die Ordinaten als 10 cm. Es wird also die Strecke $90^0\,P$ 15,71 cm lang. Die

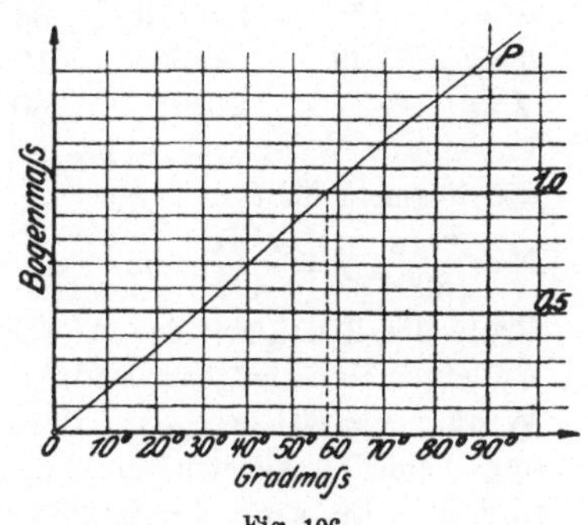

Fig. 106.

Ordinate eines beliebigen Punktes auf der Geraden OP liefert das Bogenmaß zu dem Winkel, der durch die zugehörige Abscisse gemessen wird. Mit Hilfe dieser einfachen Figur kann man zu jedem Winkel von 0^0 bis 120^0 von 30 zu 30' das Bogenmaß auf zwei, meistens auf drei Ziffern genau bestimmen und umgekehrt. Prüfe die beiden ersten Beispiele in 22 und 23 an der Figur. Wähle andere Beispiele aus der Tabelle I. Für welchen Winkel ist das Bogenmaß 1? (Siehe die gestrichelte Linie.) Genau für $57^0\ 18' = \dfrac{180^0}{\pi}$! Vergl. auch Fig. 145.

25. Soll ein Kreisbogen AB in eine gleichlange Strecke verwandelt werden (Fig. 107), so teile man die Sehne AB in drei gleiche Teile, ziehe durch den 2. Teilpunkt C den Radius MD, durch A und D die Sekante, durch B die Parallele BE zu MD, dann ist mit großer Genauigkeit

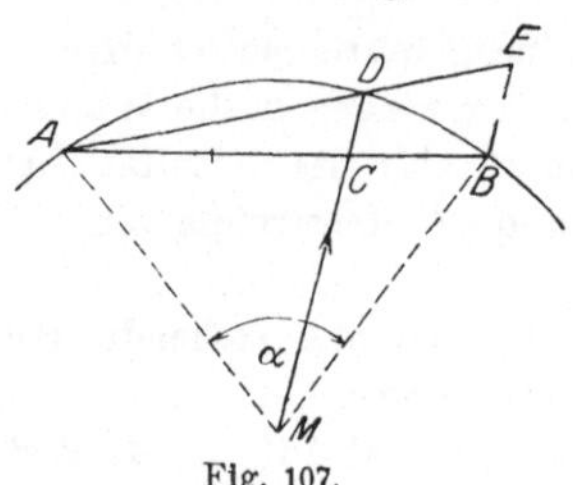

Fig. 107.

Bogen $AB =$ Strecke AE.[1])

Für α kleiner als $\left\{\begin{matrix}65^0\\90^0\end{matrix}\right\}$ ist der relative Fehler kleiner als $\left\{\begin{matrix}1\ ^0/_{00}\\1\ ^0/_0\end{matrix}\right\}$. Mit Hilfe dieser Konstruktion kann man auch umgekehrt von einem Punkte A aus einen Bogen von vorgeschriebener Länge auf den Kreis übertragen.

Prüfe die Konstruktion an einem Beispiel $r = 10$ cm, $\alpha = 60^0$.

26. Es sei $r =$ Radius; $\alpha =$ Zentriwinkel; $b =$ Bogen; $J =$ Inhalt eines Kreissektors. Berechne aus irgend zwei der 4 Größen die beiden andern.

$r =$	1) 60	2) 15	3) 16	4) 40	5) 1,5	6) 5 cm,
$\alpha =$	74^0	$108^0\ 19'$	$35^0\ 49'$	$210^0\ 42'$	$37^0\ 36'$	$45^0\ 50'$
$b =$	77,49	28,36	10	147,1	0,9845	4 cm,
$J =$	2325	212,7	80	2942	0,7384	10 cm².

27. In neuer Winkelteilung (100 Grad auf den Viertelkreis) lauten die Formeln für b und J:

$$b = \frac{r\,\pi\,\alpha}{200};\ J = \frac{r^2\,\pi\,\alpha}{400}\quad \text{und es ist}\quad \frac{200}{\pi} = 63,662\,g\,;\quad \frac{\pi}{200} = 0,015708.$$

Prüfe die Richtigkeit der Angaben.

28. An einen Kreis mit dem Radius r sind zwei Tangenten t unter einem Winkel $\alpha = 60^0$ gezogen. Berechne den Inhalt der Fläche zwischen den beiden Tangenten und dem Kreisbogen aus α und t oder α und r. Es wird $J = 0,2283\,t^2 = 0,6849\,r^2$. Für $\alpha = 120^0$ wird $J = 0,1613\,t^2 = 0,0538\,r^2$.

29. Der Radius r eines Kreisringsektors (Fig. 98) sei 2 m; $\alpha = 25^0$; $w = 30$ cm. Berechne seinen Inhalt (0,2815 m²).

---

[1]) Nach M. d'Ocagne, Nouvelles annales de mathématiques, 1907, pag. 1—6.

30. Die Spannweite s des kleineren Bogens eines Kreisringsektors sei
80 cm; die Pfeilhöhe dieses Bogens sei $h = 10$ cm; $w = 30$ cm. Berechne den Inhalt des Kreisringsektors.

Lösung: r wird nach Aufgabe 16, § 9: 85 cm.

$$b = \sim \frac{8\,s_1 - s}{3} = \frac{8\,\sqrt{40^2 + 10^2} - 80}{3} = 83,28 \text{ cm}.$$

$$\widehat{\alpha} = \frac{b}{r} = 0,9798; \quad b_m = ? \quad J = b_m \cdot w = 29,4 \text{ dm}^2.$$

Genau zum gleichen Resultat kommt man mit Hilfe der Trigonometrie.

31. Der Inhalt einer Röhre von kreisförmigem
Querschnitt und der in Fig. 108 gezeichneten
Form wird gefunden, indem man die Länge
der Mittellinie mit dem Inhalt des Querschnitts
multipliziert. Bestimme das Volumen der Röhre
für $R = 45$ cm; $r = 25$ cm, $w = 10$ cm,
$\alpha = 240^0$, unter der Voraussetzung $AM \parallel$
$BM \parallel$ zur Symmetrielinie m.

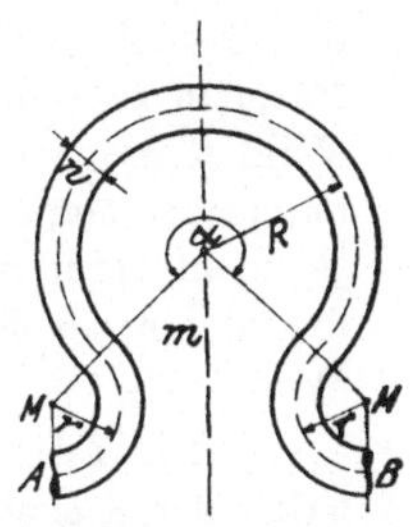

Fig. 108

$$V = (R + r)\,\widehat{\alpha} \cdot \frac{w^2\,\pi}{4} = 23.03 \text{ dm}^3.$$

32. Aus dem Radius r und dem Zentriwinkel $\alpha = 60^0$ ist die Sehne s.
die Bogenhöhe h und der Inhalt des Segments zu berechnen. Man
berechne den Inhalt auch nach den beiden Näherungsformeln:

$$J_1 = \frac{2}{3}\,s\,h \quad \text{und} \quad J_2 = \frac{2}{3}\,s\,h + \frac{h^3}{2\,s}$$

und bestimme den hierbei begangenen Fehler in Prozenten des
richtigen Inhaltes. Zeichne die Figur! (Fig. 99.)

Lösung. Es ist

$$s = r,$$

$$h = r - \frac{r}{2}\sqrt{3} = \frac{r}{2}(2 - \sqrt{3}) = \underline{0,1340\,r},$$

$$J = \frac{r^2\pi}{6} - \frac{r^2\sqrt{3}}{4} = r^2\left(\frac{\pi}{6} - \frac{\sqrt{3}}{4}\right) = \underline{0,0906\,r^2},$$

$$J_1 = \frac{2}{3}\,s \cdot h = \frac{2}{3} \cdot r.0,1340\,r = \underline{0,0893\,r^2},$$

$$J_2 = J_1 + \frac{h^3}{2\,s} = 0,0893\,r^2 + 0,0012\,r^2 = \underline{0,0905\,r^2}.$$

Unter dem absoluten Fehler versteht man die Differenz
zwischen dem wirklichen Inhalte J und dem aus J_1 berechneten
Näherungswert, also

$$J - J_1 = 0,0013\,r^2.$$

Dividiert man diesen Fehler durch den richtigen Inhalt J, so erhält man das Verhältnis des Fehlers zum richtigen Inhalt, den **relativen Fehler**

$$\frac{J - J_1}{J} = \frac{0,0013\, r^2}{0,0906\, r^2} = 0,014;$$

der nach J_1 berechnete Inhalt ist demnach um $1{,}4\,\%$ zu klein.

Für J_2 ergibt sich der Wert

$$\frac{J - J_2}{J} = \frac{0,0001\, r^2}{0,0906\, r^2} = 0,001,$$

der Fehler beträgt also nur $0{,}1\,\%$. Eine genauere Prüfung der Formeln zeigt, daß die erste Näherungsformel bis ungefähr zu einem Winkel $\alpha = 50^0$ einen Fehler liefert, der kleiner als $1\,\%$ ist: das entspricht einem Verhältnis $h : s = 1 : 9$. Darüber hinaus sollte man J_1 nicht benutzen. J_2 liefert brauchbare Resultate für alle Segmente, die kleiner als der Halbkreis sind. Der Fehler erreicht nirgends den Wert $1\,\%$.

Die Tabelle I enthält die Bogenhöhen, Sehnenlängen und Inhalte der Kreisabschnitte für alle Winkel von $0^0 - 180^0$ für einen Kreis vom Radius 1. Ist der Radius nicht 1, sondern r, so sind die Werte für die Sehnen und Bogenhöhen mit r, die der Segmente mit r^2 zu multiplizieren. Wir werden später auf diese Tabellen zurückkommen. Vergleiche die obigen Resultate mit den Angaben der Tabelle.

33. Es ist die gleiche Aufgabe wie in 32 für die Winkel $\alpha = 30^0$, 45^0, 90^0, 120^0, 150^0, 180^0 zu lösen und jedesmal ist der Fehler in Prozenten zu bestimmen. Die Resultate für s, h und J sind in der besprochenen Tabelle I enthalten. Der nach J_1 berechnete Fehler ist für die angegebenen Winkel der Reihe nach $\sim 0{,}3$, 0.8, $3^1/_2$, 6, 10, $15^1/_8\,\%$!

34. Man stelle in einem Koordinatensystem nach den Angaben der Tabelle I den Inhalt J eines Kreisabschnitts als Funktion des Zentriwinkels dar. Auf der Abscissenachse wähle man $0^0 - 10^0 = 1$ cm. Für die Ordinaten J sei eine Strecke von 20 cm Länge als Einheit angenommen. Dann trage man auf dem gleichen Blatt zum Vergleiche die nach $J_1 = \dfrac{2}{3}\, s h$ berechneten Werte ein (vergl. Fig. 145).

35. Berechne mit Hilfe der Tabelle I für einen Kreis mit dem Radius 1 die Bogenlängen nach der Formel $b = \dfrac{8 s_1 - s}{3}$, für Winkel von 10 zu 10^0 und trage die berechneten Werte zum Vergleiche in der selbst gezeichneten Fig. 106 ein.

Beispiel für 100°. s_1 gehört zum Winkel 50°, s zum Winkel 100°, daher ist nach der Sehnentabelle $\widehat{\alpha} = \sim \dfrac{8 \cdot 0{,}8452 - 1{,}5321}{3}$

$= \dfrac{5{,}2295}{3} = 1{,}7432$ statt $1{,}7453$, wie aus der Tabelle zu ersehen ist.

36. Fig. 109 stellt den Querschnitt durch den Kranz einer Riemenscheibe dar. Man berechne seinen Inhalt für $s = 20$ cm, $a = 1{,}5$ cm, $h = 0{,}8$ cm, $r = 2$ cm. Man leite eine Inhaltsformel ab für $a = 0{,}1 \cdot s$,

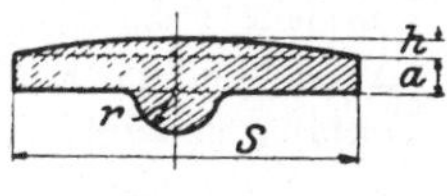

Fig. 109.

$h = \dfrac{a}{2}$, $r = 0{,}1\,s$. $\left(\text{Segment nach } J_1 = \dfrac{2}{3}\,s\,h\right)$ (46,9 cm², 0,149 s².)

37. Ein Segment habe eine Sehne $s = 20$ cm, eine Pfeilhöhe $h = 4$ cm. Berechne seinen Inhalt.

Lösung: Die genauen Resultate, mit Hilfe der Trigonometrie berechnet, sind: $J = 55{,}00$ cm², $b = 22{,}07$ cm, $\alpha = 1{,}5220$, $\alpha^0 = 87^0\,12^1/_3{}'$. Wir vergleichen damit die Resultate, die wir mit unsern Näherungsformeln erhalten:

$J_1 = \dfrac{2}{3} \cdot 4 \cdot 20 = \dfrac{160}{3} = \underline{53{,}3 \text{ cm}^2}.$ Fehler: 1,7 cm².

$J_2 = \dfrac{2}{3} \cdot 4 \cdot 20 + \dfrac{4^3}{2 \cdot 20} = \underline{54{,}93 \text{ cm}^2}.$ Fehler: 0,07 cm².

$b = \dfrac{8\,s_1 - s}{3} = \dfrac{8\sqrt{116} - 20}{3} = \underline{22{,}05 \text{ cm}}.$ Fehler: 0,02 cm.

Für r findet man 14,5 cm:

$\widehat{\alpha} = \dfrac{b}{r} = \dfrac{22{,}05}{14{,}5} = 1{,}5207.$

$\alpha^0 =$ (nach der Tabelle) $\underline{87^08'}.$ Fehler: 4'.

Berechne den Inhalt auch mit Hilfe der Simpsonschen Formel. Andere Beispiele Aufgabe 15 und 16, § 7.

38. Man zeichne zwei gleich große Kreise, so daß der Mittelpunkt des einen auf der Peripherie des andern liegt. Welchen Inhalt hat das beiden Kreisen gemeinsame Flächenstück? $J = \dfrac{r^2}{6}(4\pi - 3\sqrt{3}) = 1{,}228\,r^2.$

39. Einem Rhombus mit den Diagonalen $d = 11{,}4$, $D = 15{,}2$ cm werden durch gleich große Kreise um die Ecken die Ecken abgeschnitten. Der Radius des Kreises ist $\dfrac{a}{5}$, wobei a die Länge einer Seite des Rhombus bedeutet. Berechne den Inhalt der Restfläche. $J = 75{,}30$ cm².

40. Einem regelmäßigen Sechseck mit der Seite a werden durch Kreise mit dem Radius $\dfrac{a}{3}$ die Ecken abgeschnitten. Wie groß ist der Inhalt der verbleibenden Fläche? $J = 1{,}900\,a^2.$

41. Um zwei gegenüberliegende Ecken eines Quadrates mit der Seite $2\,a$ schlage man im Quadrat je einen Viertelkreis mit dem Radius a. Um die beiden anderen Ecken werden mit der gleichen Zirkelöffnung zwei $^3/_4$-Kreise außerhalb des Quadrates gezeichnet. Berechne Umfang und Inhalt der Figur. $u = 12{,}566\,a$, $J = a^2 (\pi + 4) = 7{,}1416\,a^2$.

42. Um jede Ecke eines gleichseitigen Dreiecks mit der Seite s wird ein Kreisbogen durch die beiden andern Ecken geschlagen. Berechne Umfang und Inhalt des Bogendreiecks.

$$u = s \cdot \pi = 3{,}1416\,s, \qquad J = \frac{\pi - \sqrt{3}}{2}\, s^2 = 0{,}7048\ s^2.$$

Für $s = 40$ cm wird $J = 1127{,}6$ cm², $u = 125{,}66$ cm,
für $s = 30$ cm wird $J = 634{,}3$ cm², $u = 94{,}25$ cm.

43. Bestimme die Strecken x und h, sowie den Inhalt und den Umfang des in Fig. 110 gezeichneten **Kanalquerschnitts**[1]) aus dem Radius r.

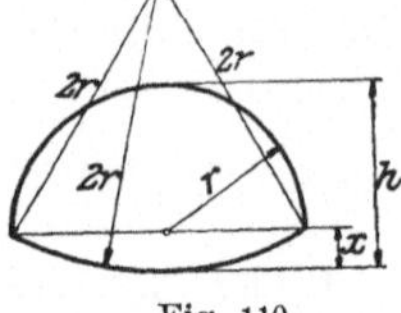

$$x = 0{,}268\,r,$$
$$h = 1{,}268\,r,$$
$$J = 1{,}933\,r^2,$$
$$u = 5{,}236\,r.$$

Fig. 110.

44. Inhalt und Umfang der Fig. 111 sind aus s und r zu berechnen, s ist die Seite eines gleichseitigen Dreiecks.

$$u = (s + 2\,r)\,\pi; \quad J = \frac{\pi}{2}\,(s^2 + 2\,rs + 2\,r^2) - \frac{s^2}{2}\,\sqrt{3}.$$

Für $r = 0$ erhält man die Resultate von 42. Für $s = 20$ cm; $r = 3$ cm wird $J = 498{,}7$ cm²; $u = 81{,}68$ cm.

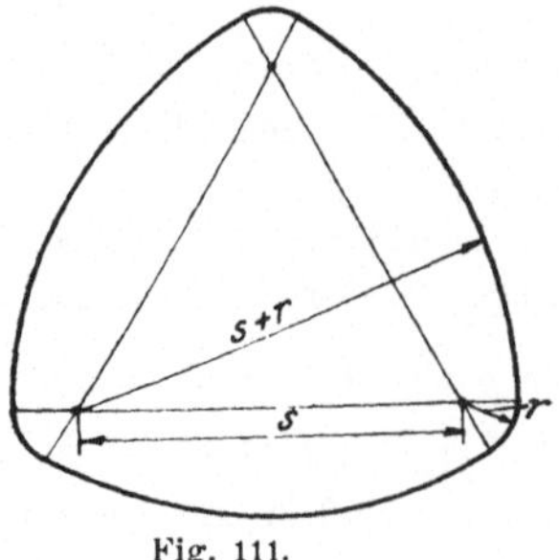

Fig. 111.

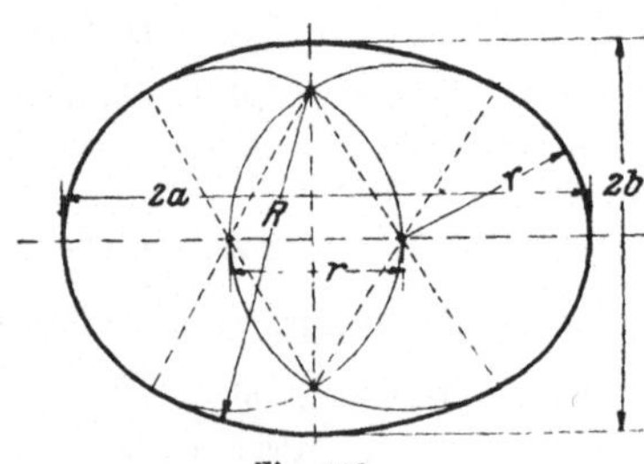

Fig. 112.

45. Umfang und Inhalt, sowie $2\,a$ und $2\,b$ der Fig. 112 sind aus r zu berechnen.

$$u = 8{,}3776\,r; \quad J = 5{,}4172\,r^2,$$
$$2\,a = 3\,r; \quad 2\,b = 2{,}2679\,r.$$

[1]) Nach R. Weyrauch: Hydraulisches Rechnen, 2. Aufl., S. 52.

Für $r = 4$ cm wird $J = 86,67$ cm². Zeichne die Figur und bestimme den Inhalt auch mit der Simpsonschen Formel.

46. Für Fig. 113 wird:

$$2a = 2,4142\,s = s\,(1 + \sqrt{2}),$$

$$2b = 1,8284\,s = s\,(2\sqrt{2} - 1),$$

$$u = 6,664\,s = \frac{3}{2}\,\pi\sqrt{2}\,.\,s,$$

$$J = 3,427\,s^2 = \frac{s^2}{4}\,(5\,\pi - 2).$$

Für $s = 44$ cm ist $u = 293,2$;
$2a = 106,2$; $2b = 80.45$ cm;
$J = 6634$ cm².

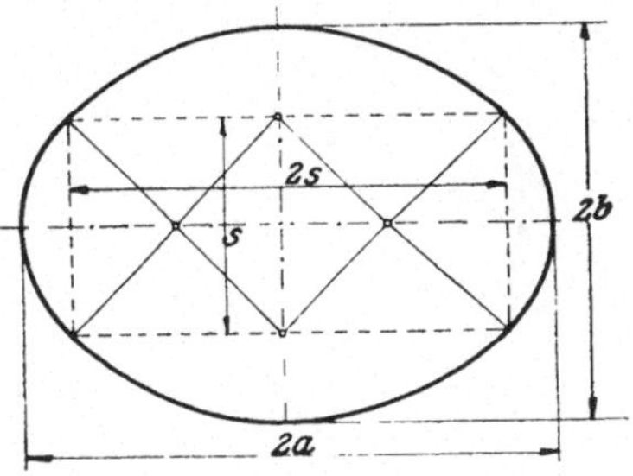

Fig. 113.

47. Einem Kreise mit dem Radius R wird ein gleichseitiges Dreieck umbeschrieben. Die Ecken des Dreiecks werden abgerundet durch Kreise, die die Seiten des Dreiecks berühren und deren Mittelpunkte auf dem gegebenen Kreise liegen. Berechne den Radius r für diese Abrundungen, sowie den Inhalt und den Umfang der Figur aus R.

$$r = \frac{R}{2}\,;\quad J = \frac{R^2}{4}\,(9\sqrt{3} + \pi) = 4,6826\,R^2;$$

$$u = R\,(3\sqrt{3} + \pi) = 8,3379\,R.$$

Für $R = 30$ cm ist $J = 4214,3$ cm²; $u = 250,14$ cm.

48. Der Inhalt der Fig. 114 ist 60,31 cm², die Maße sind mm.

49. Einem Quadrat von 100 mm Seite wird ein Kreis einbeschrieben. Die Ecken des Quadrates werden abgerundet durch Kreise, deren Mittelpunkte in den Schnittpunkten der Diagonalen mit dem Kreise liegen. Von der übrig bleibenden Fläche werden noch 5 Kreise weggenommen, und zwar ein Kreis von 30 mm Durchmesser um den Mittelpunkt des Quadrates

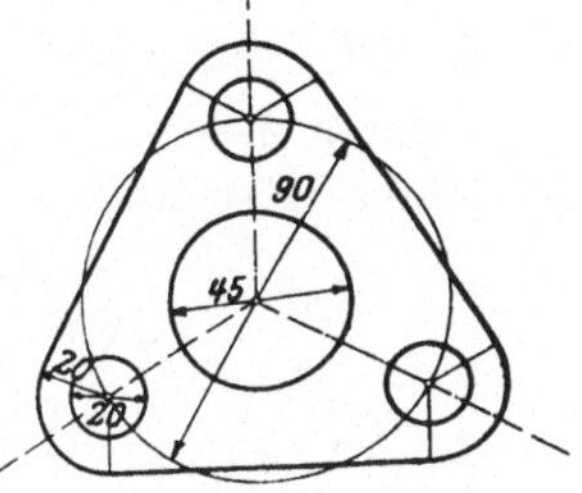

Fig. 114.

und je ein Kreis von 10 mm Durchmesser um die Mittelpunkte der Abrundungskreise. Berechne den Radius für die Abrundungen an den Ecken, sowie den Inhalt der Restfläche.

$$r = 14,6\ \text{mm};\quad J = 87,95\ \text{cm}^2.$$

50. Für das „Eiprofil" in Fig. 115 wird:

$$r = R\,(2 - \sqrt{2}) = 0,5858\,R,$$

$$u = \frac{R\,\pi}{2}\,(6 - \sqrt{2}) = 7,203\,R;$$

$$J = (3\,\pi - \pi\sqrt{2} - 1)\,R^2 = 3{,}982\,R^2;\quad HF = 2{,}5858\,R.$$
Für $R = 20$ cm wird $J = 1592{,}8$ cm²; $u = 144{,}06$; $HF = 51.72$ cm.

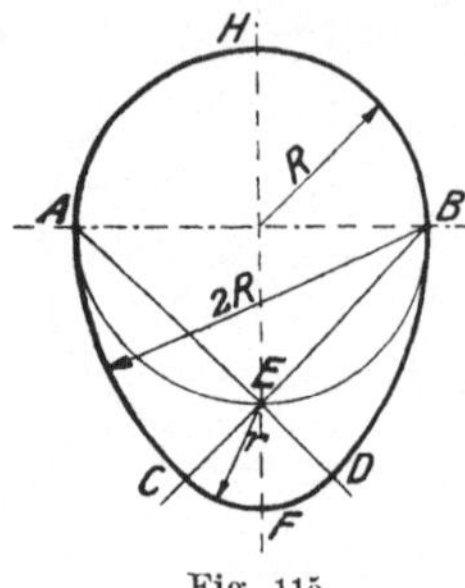

Fig. 115.

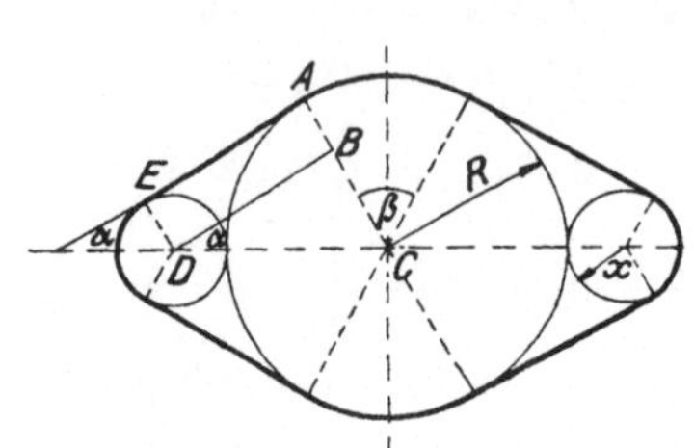

Fig. 116.

51. In Fig. 116 ist $x = \dfrac{R}{3}$. Berechne Inhalt und Umfang aus R.

$$J = \frac{R^2}{27}\,(11\,\pi + 48\sqrt{3}) = 4{,}359\,R^2,$$

$$u = \frac{R}{9}\,(10\,\pi + 24\sqrt{3}) = 8{,}109\,R.$$

Beachte, daß sich für alle Figuren, deren Form durch Angabe einer einzigen Strecke (R) bestimmt ist, der Inhalt durch eine Formel von der Form $J = k\,R^2$ bestimmen läßt, wobei k eine reine Zahl ist.

§ 12. Streckenverhältnisse. Proportionalität.

Unter dem Verhältnis zweier Strecken versteht man den Quotienten ihrer Maßzahlen; dabei ist vorausgesetzt, daß beide mit der gleichen Einheit gemessen werden.

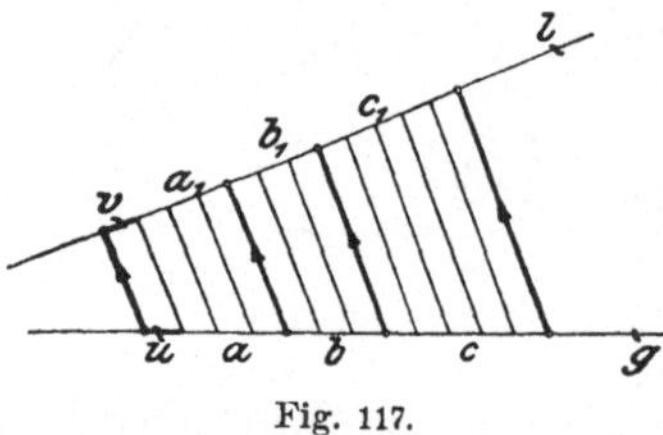

Fig. 117.

Auf der Geraden g (Fig. 117) sind drei Strecken a, b, c abgetragen. a enthält eine kleinere Strecke u genau 4 mal, b 3 mal, c 5 mal. Durch die Teilpunkte ziehen wir in irgend einer von g und l verschiedenen Richtung parallele Gerade. Dadurch entstehen nach § 3 auch auf l unter sich gleiche Strecken v. a und a_1, b und b_1, c und c_1, u und v heißen zugeordnete oder entsprechende Strecken. Es ist nun:

$$a_1 = 4\,v, \qquad b_1 = 3\,v, \qquad c_1 = 5\,v,$$
$$a\ = 4\,u, \qquad b\ = 3\,u, \qquad c\ = 5\,u,$$

Durch Division je zweier untereinander stehender Gleichungen erhält man:

$$\frac{a_1}{a} = \frac{4\,v}{4\,u} = \frac{v}{u} \qquad \frac{b_1}{b} = \frac{3\,v}{3\,u} = \frac{v}{u} \qquad \frac{c_1}{c} = \frac{5\,v}{5\,u} = \frac{v}{u}\,.$$

Wir setzen für den gemeinsamen Wert $\frac{v}{u}$ den Buchstaben k, dann ist:

$$\frac{a_1}{a} = \frac{b_1}{b} = \frac{c_1}{c} = k, \quad \text{d. h.:} \tag{1}$$

Satz 1. Werden zwei (oder mehrere) gerade Linien von mehreren parallelen Geraden geschnitten, so haben die Verhältnisse entsprechender Strecken den gleichen Wert (k).

Wäre $a = 4{,}12$ cm, $b = 3{,}23$ cm. dann könnte man $u = 0{,}01$ cm als gemeinsames Maß beider Strecken wählen. u wäre in a 412, in b 323 mal enthalten und genau so oft die entsprechende Strecke v in a_1 und b_1. Am Beweise des Satzes 1 ändert sich nichts als die Anzahl und die Größe der Teilstrecken u und v.

Es gibt Strecken a und b, die keine auch noch so kleine Strecke u als gemeinschaftliches Maß besitzen. Nehmen wir z. B. an, eine winzig kleine Strecke u sei auf der Seite eines Quadrates genau eine ganze Anzahl, z. B. G mal enthalten, dann enthält die Diagonale diese gleiche Strecke $G\sqrt{2}$ mal. $\sqrt{2}$ ist aber ein unendlicher, nicht periodischer Dezimalbruch, somit kann $G\sqrt{2}$ keine ganze Zahl sein. Auf der Diagonale und auf der Seite eines Quadrates kann man also niemals eine auch noch so kleine Strecke u genau eine ganze Anzahl mal abtragen. Solche Überlegungen haben aber nur theoretisches Interesse; unterhalb einer gewissen Grenze können wir wegen der Unvollkommenheit unserer Augen keine Längenunterschiede mehr wahrnehmen.

Nach Gleichung (1) ist:

$$\frac{a_1}{a} = k \quad \text{oder} \quad a_1 = k\,a,$$

$$\frac{b_1}{b} = k \quad \text{„} \quad b_1 = k\,b, \tag{2}$$

$$\frac{c_1}{c} = k \quad \text{„} \quad c_1 = k\,c, \quad \text{d. h.:}$$

Satz 2. Die Strecken auf der einen Geraden können aus den ihnen entsprechenden Strecken auf der andern Geraden durch Multiplikation mit einem konstanten

Faktor (k) berechnet werden. k ist nach (1) das Verhältnis irgend zweier entsprechender Strecken.

Ist x irgend eine Strecke auf g, und y die ihr entsprechende auf l, so besteht zwischen beiden die Beziehung:

$$y = kx. \tag{3}$$

Man sagt allgemein von zwei der Veränderung fähigen Größen y und x, die durch eine algebraische Beziehung von der Form (3) aneinander gebunden sind, sie seien einander proportional. k nennt man den Proportionalitätsfaktor. Zu den Werten:

$$x = 1 \quad 2 \quad 3 \quad 4 \ldots n,$$

gehören nach (3) die Werte $\qquad y = 1\,k \quad 2\,k \quad 3\,k \quad 4\,k \ldots n\,k.$

Gerade darin besteht das Charakteristische zweier proportionaler Größen: Läßt man die eine Größe n mal größer werden, dann wird auch die andere Größe den n fachen Betrag ihres frühern Wertes erreichen. (n ist irgend eine positive Zahl.) Größen dieser Art haben wir schon viele kennen gelernt, z. B. ist für den Kreis $u = \pi . d.$ π ist hier gleich k. Zum n fachen Durchmesser gehört der n fache Umfang. Der Umfang ist dem Durchmesser proportional. Vergl. auch $d = \alpha \sqrt{2}$; $h = 0,5\,s . \sqrt{3}$;

$$\widehat{a} = \frac{\pi}{180} \cdot \alpha^{0}; \text{ hier hat } k \text{ der Reihe nach die Werte } \sqrt{2};\ 0,5 . \sqrt{3};\ \frac{\pi}{180}.$$

In Fig. 117 war:

$$a = 4\,u \quad \text{und} \quad a_1 = 4\,v,$$
$$b = 3\,u \qquad\qquad b_1 = 3\,v,$$

daraus folgt:

$$\frac{a}{b} = \frac{a_1}{b_1} = \frac{4}{3}. \tag{4}$$

Ähnlich könnte man auch zeigen:

$$\frac{a+b}{b} = \frac{a_1+b_1}{b_1} = \frac{7}{3} \tag{5}$$

usw. Die Gleichungen (4) und (5) sagen aus:

Satz 3. Werden zwei gerade Linien (g und l) von Parallelen geschnitten, so verhalten sich irgend zwei Abschnitte auf der **gleichen** Geraden zueinander, wie die ihnen entsprechenden Abschnitte auf der anderen Geraden.

Alle drei Sätze sagen im wesentlichen dasselbe. Beachte auch die Sätze 1 und 2 in § 18.

Gleichungen von der Form $\dfrac{a_1}{a} = \dfrac{b_1}{b}$ oder $a_1 : a = b_1 : b$ (gelesen: a_1 verhält sich zu a wie $b_1 : b$), die also aussagen, daß zwei Verhältnisse den gleichen Wert haben, werden auch Proportionen genannt. Proportionen lassen sich für alle Größen, die durch ein Gesetz von der Form (3) verbunden sind, ableiten. Ist z. B.

$$y_1 = k\,x_1,$$
$$y_2 = k\,x_2,$$

so folgt daraus durch Division:

$$y_1 : y_2 = x_1 : x_2.$$

k ist in der Proportion nicht mehr vorhanden; aber aus den einzelnen Gleichungen $y_1 = k\,x_1$ und $y_2 = k\,x_2$ folgt $k = \dfrac{y_1}{x_1} = \dfrac{y_2}{x_2}$, also gleich dem Verhältnis irgend zweier zusammengehöriger Werte.

Durchmesser und Inhalt eines Kreises stehen auch in der Beziehung, daß eine Vergrößerung des einen eine Vergrößerung des andern zur Folge hat. Setzen wir aber in $J = \dfrac{\pi}{4}\,d^2$ für d der Reihe nach $2\,d$, $3\,d \ldots n\,d$, so wird:

$$J_2 = \frac{\pi}{4}\,(2\,d)^2 = 4 \cdot \frac{\pi}{4}\,d^2 = 4\,J,$$

$$J_3 = \frac{\pi}{4}\,(3\,d)^2 = 9 \cdot \frac{\pi}{4}\,d^2 = 9\,J,$$

$$J_n = \frac{\pi}{4}\,(n\,d)^2 = n^2 \cdot \frac{\pi}{4}\,d^2 = n^2\,J.$$

Verdoppelt. verdreifacht ... ver-n-facht man den Durchmesser, so wird der Inhalt nicht 2, 3 ... n-mal, sondern 4, 9 ... n^2-mal größer! Man wendet nun die Bezeichnung „proportional" auch hier an; aber man sagt: Der Inhalt ist „proportional dem Quadrate" des Durchmessers Ähnliche Überlegungen lassen sich an alle Größen y und x knüpfen, die durch ein Gesetz von der Form:

$$y = k\,x^2 \qquad (k = \text{konstante Größe})$$

miteinander verbunden sind. Unter „proportional" schlechthin soll immer die durch (3) gegebene Beziehung verstanden werden.

Beispiele und Übungen.

1. Es sei

1) $a = 400$ m	2) $a = 2{,}40$ m	3) $a = 6{,}3$ km	4) $a = 0{,}048$ m
$b = 32$ m	$b = 18$ cm	$b = 210$ m	$b = 96$ mm.

Man drücke in allen Beispielen $\dfrac{a}{b}$ in den kleinsten ganzen Zahlen
aus, sowie durch Verhältniszahlen, von denen eine gleich 1 ist.
1) $a:b = 25:2 = 12{,}5:1 = 1:0{,}08$ 2) $40:3 = 1:0{,}075 = 13^{1}/_{3}:1$
3) $30:1 = 1:0{,}0333$ 4) $1:2 = 0{,}5:1$.
Sind zwei Strecken bekannt, wenn ihr Verhältnis bekannt ist?   Nenne
Strecken a und b, die im Verhältnis $2:5$ stehen.

2. Aus der Proportion $a:b = c:d$ oder $\dfrac{a}{b} = \dfrac{c}{d}$ folgt durch Multiplikation mit bd die Gleichung $ad = bc$. (In Worten!)   Man kann
umgekehrt aus jeder Gleichung von der Form $ab = xy$ wieder eine
Proportion herstellen.   So ist $y = kx$ oder $y \cdot 1 = kx$ gleichbedeutend
mit $y:x = k:1$.   Man schreibe die folgenden Gleichungen in Form
von Proportionen und drücke das Resultat in Worten aus.
$$u = \pi d \quad \text{oder} \quad u:d = \ldots$$
$$d = a\sqrt{2} \quad , \quad d:a = \ldots$$

3. Die Seiten eines Rechtecks verhalten sich wie $5:7$; sein Inhalt ist
105 cm².   Wie lang sind seine Seiten? $(8{,}66,\ 12{,}12$ cm.)
          Inhalt eines rechtwinkligen Dreiecks $= 314$ cm²; die Katheten
a und b verhalten sich wie $3:11$.   Berechne die Seiten des Dreiecks. —
(Setze $a = 3k$; $b = 11k$; dann ist $33k^2 = ab = 2 \cdot 314$;   hieraus
folgt k.)   Es ist $a = 13{,}08$; $b = 47{,}96$; $c = 49{,}7$ cm.

4. Trage auf einer Geraden g verschiedene Strecken a, b, c, d ab und
   ziehe durch die Endpunkte der Strecken parallele Gerade.   Dann
   schneide man die Parallelen mit einer beliebigen Geraden l, die zu g
   nicht parallel ist.   Man messe a, b, c, d auf g und e i n e n Abschnitt
   auf l und berechne die übrigen.   Prüfe die Rechnung durch Nachmessen an der Zeichnung.

5. In Fig. 118 ist ABC ein beliebiges Dreieck. AE halbiert den
Winkel bei A. BD ist parallel zu AE.
Warum ist das Dreieck ABD gleich-
schenklig? Es ist somit $AD = AB = c$.
Leite aus der Figur die Beziehung ab

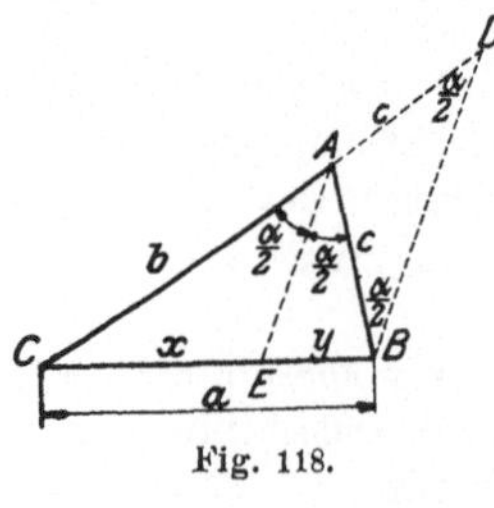
Fig. 118.

$$x:y = b:c, \tag{1}$$
d. h. die Halbierungslinie eines
Dreieckswinkels teilt die Gegenseite in zwei Abschnitte, die sich
wie die anliegenden Seiten verhalten.

Wann wäre $x = y$? — Es ist ferner
$$x + y = a. \tag{2}$$
Aus (1) und (2) folgt
$$x = \frac{a}{b+c} \cdot b, \qquad\qquad y = \frac{a}{b+c} \cdot c. \tag{3}$$

Ist nach (3) $x + y = a$? Prüfe die Dimension.

Ein Dreieck hat die Seiten $a = 10$, $b = 12$, $c = 8$ cm; zeichne das Dreieck, berechne die Abschnitte, die die Winkelhalbierenden auf den Seiten erzeugen und prüfe die Rechnung durch Nachmessen an der Zeichnung. (Auf a: 6 und 4; b: 6,67, 5,33; c: 4,36, 3,64.)

6. **Teilung einer Strecke nach gegebenem Verhältnis** (Fig. 119). Die Strecke AB ist in zwei Stücke zu zerlegen, die sich wie zwei gegebene Strecken m und n verhalten. Die Figur enthält die leicht verständliche Lösung. $AC : BC = m : n$. Die Richtung von l ist beliebig. Sind m und n sehr groß, so kann man von jeder Strecke den gleichen Bruchteil, z. B. die Hälfte, einen Drittel usf. verwenden.

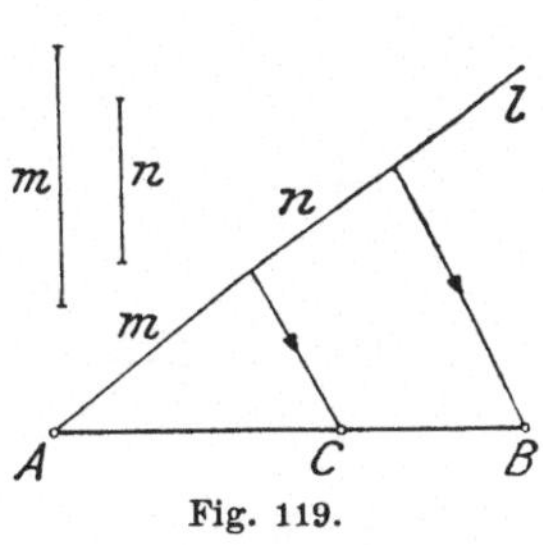
Fig. 119.

Man teile eine Strecke von 8 cm Länge (ohne Zuhilfenahme der Rechnung) in zwei Teile, die sich wie a) $7 : 2$, b) $1 : \sqrt{3}$, c) $1 : \sqrt{2}$, d) $1 : \frac{1}{2}\sqrt{3}$, oder in 3 Teile, die sich wie $5 : 2 : 4$ verhalten. Prüfe nachträglich die Konstruktion durch die Rechnung.

7. Durch einen beliebigen Punkt P zwischen den Schenkeln eines Winkels ist eine Gerade g so zu ziehen, daß der zwischen den Schenkeln liegende Abschnitt durch P 1. halbiert, 2. im Verhältnis $2 : 3$ geteilt wird.

8. Für jede der drei Figuren in Fig. 120 gilt die Proportion $x : a = b : c$. Es

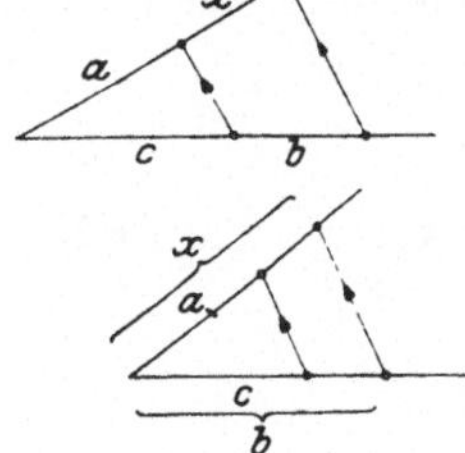
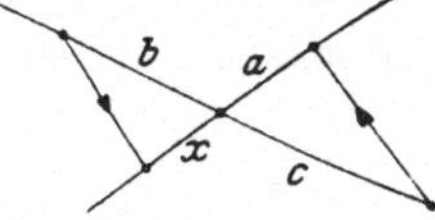
Fig. 120.

ist also in jeder Figur $x = \dfrac{ab}{c}$. Daher können alle drei Figuren zur Konstruktion des algebraischen Ausdrucks $\dfrac{ab}{c}$ benutzt werden. — Zeichne drei beliebige Strecken a, b, c und konstruiere Strecken von den Längen $\dfrac{ac}{b}$, $\dfrac{a^2}{b}$, $\dfrac{bc}{a}$, $\dfrac{c^2}{a}$.

9. Sollen mehrere gegebene Strecken a, b, c, ... im gleichen Verhältnis verkürzt werden, so daß z. B. die Strecke a auf die Länge a_1 reduziert wird, so ziehe man (Fig. 121) durch einen beliebigen Punkt O zwei gerade Linien g und l, trage auf g die Strecke a, auf l die

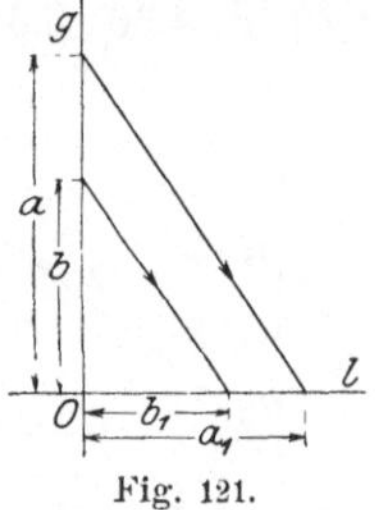

Fig. 121.

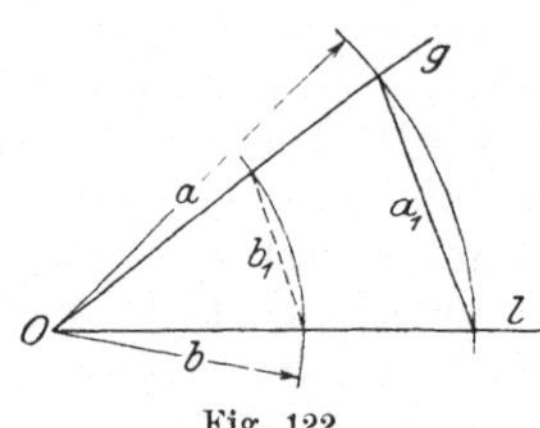

Fig. 122.

Strecke a_1 ab und verbinde die Endpunkte dieser Strecken. Wie dann eine Strecke b im gleichen Verhältnis in eine Strecke b_1 verkürzt wird, zeigt die Figur.

Fig. 122 zeigt ein anderes Verfahren. Man schlägt mit a um einen Punkt O einen Kreis, trägt a_1 als Sehne in diesen Kreis, wodurch die Lage von g und l bestimmt ist. Ein Kreisbogen um O mit b als Radius liefert b_1 als reduzierte Strecke.

§ 13. Ähnliche Dreiecke.

In der Fig. 123 sind die beiden Geraden AB_1 und AC_1 von den Parallelen BC und B_1C_1 geschnitten. Nach § 12 Satz 3 ist daher:

$$\frac{AB_1}{AB} = \frac{AC_1}{AC}. \tag{1}$$

Die beiden Geraden C_1B_1 und C_1A sind von den Parallelen AB_1 und CD geschnitten. Daher ist:

$$\frac{B_1C_1}{B_1D} = \frac{AC_1}{AC}. \tag{2}$$

Nun ist aber $B_1D = BC$ und (2) kann geschrieben werden als:

$$\frac{B_1C_1}{BC} = \frac{AC_1}{AC}. \tag{3}$$

In (1) und (3) kommt das gleiche Verhältnis $\dfrac{AC_1}{AC}$ vor. Es ist daher:

$$\frac{AB_1}{AB} = \frac{B_1C_1}{BC} = \frac{AC_1}{AC} = n, \tag{4}$$

worin n den gemeinsamen Wert aller Brüche bedeutet.

Wir fassen nun Fig. 123 als zwei übereinander gelegte Dreiecke ABC und AB_1C_1 auf. Die Dreiecke haben offenbar gleiche Winkel. Die Seiten, die den gleichen Winkeln gegenüber liegen, sollen „entsprechende“ Seiten heißen. (4) sagt aus, daß die Verhältnisse entsprechender Seiten beider Dreiecke den gleichen Wert *(n)* haben. Nach (4) ist:

$$\frac{AB_1}{AB} = n \text{ oder } AB_1 = n \cdot AB,$$

$$\frac{B_1C_1}{BC} = n \text{ oder } B_1C_1 = n \cdot BC, \qquad (5)$$

$$\frac{AC_1}{AC} = n \text{ oder } AC_1 = n \cdot AC.$$

Die Seiten des einen Dreiecks gehen aus den entsprechenden Seiten des andern durch Multiplikation mit

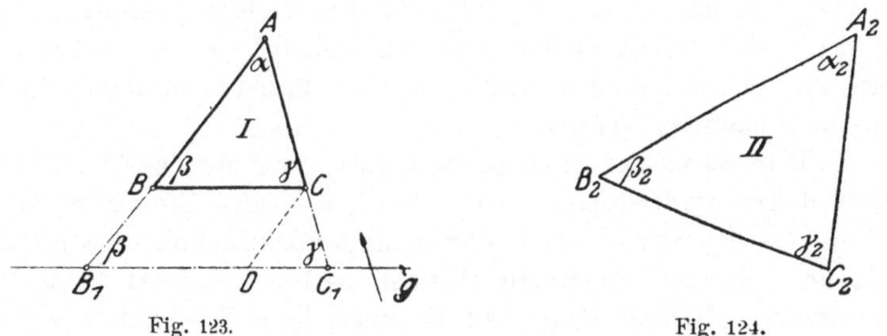

Fig. 123. Fig. 124.

dem gleichen Faktor *(n)* hervor. Die Seiten des einen sind also denen des andern „proportional“.

Man nennt allgemein Dreiecke (überhaupt Figuren), die

1. gleiche Winkel **und**
2. proportionale Seiten haben,

„**ähnliche**“ Dreiecke (Figuren). Die Dreiecke ABC und AB_1C_1 sind somit ähnlich.

Zusammenfassend können wir sagen: Schneidet man zwei Dreiecksseiten oder deren Verlängerungen mit einer Parallelen *(g)* zur dritten Seite, so entsteht ein Dreieck, das dem gegebenen Dreieck ähnlich ist. Zeichen für ähnlich ist: $\sim$.

Wir können nun offenbar durch paralleles Verschieben der Geraden g (B_1C_1) nach oben oder unten unzählig viele Dreiecke erhalten, die alle dem Dreieck ABC ähnlich sind. Der Faktor *n* der Gleichungen 4 und 5 nimmt dabei alle möglichen positiven Zahlenwerte an. Wo liegt g für $n = 1$; $n > 1$; $n < 1$?

Damit man von zwei Figuren sagen kann, sie seien ähnlich, müssen nach den oben gegebenen Erklärungen zwei Bedingungen erfüllt sein: Gleichheit der Winkel und Gleichheit der Seitenverhältnisse. Für Dreiecke gilt nun der bemerkenswerte Satz: Haben zwei Dreiecke gleiche Winkel, so haben sie ohne weiteres auch proportionale Seiten und umgekehrt!

Wir nehmen z. B. an, das Dreieck II in Fig. 124 habe die gleichen Winkel wie das Dreieck I (ABC) in Fig. 123. Es sei also $\alpha_2 = \alpha$; $\beta_2 = \beta$; $\gamma_2 = \gamma$. Über die Seiten machen wir dagegen keine Voraussetzung. Wir denken uns nun die bewegliche Gerade g in Fig. 123 gerade so eingestellt, daß $AB_1 = A_2B_2$ ist; dann ist $\triangle AB_1C_1 \cong \triangle A_2B_2C_2$, denn $AB_1 = A_2B_2$; $\alpha = \alpha_2$; $\beta = \beta_2$. $(w\,s\,w)$. $\triangle AB_1C_1$ ist aber dem Dreieck I ähnlich, somit ist auch das Dreieck II dem Dreieck I ähnlich, d. h. II hat nicht nur die gleichen Winkel wie I, sondern auch proportionale Seiten, was wir beweisen wollten.

Wir setzen nun umgekehrt voraus, die Seiten des Dreiecks II seien denen des Dreiecks I proportional, d. h. also, die Seiten von II gehen aus den Seiten von I durch Multiplikation mit dem gleichen Faktor n hervor. Über die Winkel machen wir jetzt keine Voraussetzung. Nun ist klar, daß II einem jener Dreiecke kongruent sein muß, die in Fig. 123 durch Parallelverschieben von g entstehen können. Das ist dann der Fall, wenn AB_1 gerade gleich $n \cdot AB$, also $AB_1 = A_2B_2$ ist; denn nach den Gleichungen (5) stimmen dann auch die übrigen Seiten des Dreiecks AB_1C_1 mit denen von II überein. AB_1C_1 ist aber dem Dreieck I ähnlich, somit ist auch II dem I ähnlich, d. h. es hat nicht nur proportionale Seiten, wie wir vorausgesetzt haben, sondern auch gleiche Winkel.

Für Dreiecke gelten demnach die folgenden **Ähnlichkeitssätze**:

1. **Dreiecke sind ähnlich, wenn sie in entsprechenden Winkeln übereinstimmen.**
2. **Dreiecke sind ähnlich, wenn sie proportionale Seiten haben.**

Es gibt noch andere Ähnlichkeitssätze; so sind z. B. Dreiecke auch ähnlich, wenn sie in dem Verhältnis zweier Seiten und dem von ihnen eingeschlossenen Winkel übereinstimmen, was ebensoleicht bewiesen werden könnte.

In Fig. 125 sind zwei ähnliche Dreiecke A und B gezeichnet. Es ist also $\dfrac{a_1}{a} = \dfrac{b_1}{b} = \dfrac{c_1}{c} = n$ oder

$$
\begin{aligned}
a_1 &= n\,a & a : a_1 &= 1 : n \\
b_1 &= n\,b & \text{oder} \qquad b : b_1 &= 1 : n \\
c_1 &= n\,c & c : c_1 &= 1 : n.
\end{aligned}
\tag{6}
$$

Diese Gleichungen können wir auch so deuten: die Seiten des Dreiecks A enthalten die Längeneinheit 1 a-, b-, c mal, die des Dreiecks B enthalten eine neue Längeneinheit n ebenfalls a-, b-, c mal ($a_1 = a\,.\,n$; $a = a\,.\,1$; ...). Dreieck B ist also nur nach einem anderen Maßstab gezeichnet. Dreiecke, die sich nur im Maßstab unterscheiden (also Vergrößerungen oder Verkleinerungen) sind ähnlich. Dies ist nur eine andere Ausdrucksweise für den zweiten Ähnlichkeitssatz. Man beachte die Zeichen $=$, $\sim$, $\cong$!

Verhalten sich die entsprechenden Seiten ähnlicher Dreiecke wie $1 : n$, so gilt das gleiche Verhältnis für alle entsprechenden Linien, also z. B. auch für entsprechende Höhen, Winkelhalbierende usw. Die schraffierten Dreiecke in Fig. 125 sind offenbar ähnlich. (1. Ähnlichkeitssatz.) Somit ist:

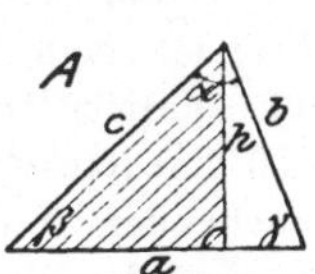

Fig. 125.

$\dfrac{h_1}{h} = \dfrac{c_1}{c}$. Nach (6) ist daher: $\dfrac{h_1}{h} = \dfrac{c_1}{c} = \dfrac{a_1}{a} = \dfrac{b_1}{b} = n$, also ist $\dfrac{h_1}{h} = n$ oder:

$$
h_1 = n\,.\,h.
$$

Ist $u = a + b + c$, dann ist $u_1 = n\,a + n\,b + n\,c = n\,.\,(a + b + c) = n\,u$, also:

$$
u_1 = u\,n \quad \text{usw.}
$$

Ist J der Inhalt des Dreiecks A, J_1 der des Dreiecks B, dann ist:

$$
J = \frac{a\,h}{2} \quad \text{und} \quad J_1 = \frac{a_1\,h_1}{2} = \frac{n\,a\,.\,n\,b}{2} = n^2 \cdot \frac{a\,h}{2} = n^2\,J,
$$

$$
J_1 = n^2\,J \quad \text{oder} \quad J : J_1 = 1 : n^2.
\tag{7}
$$

Verhalten sich entsprechende Linien ähnlicher Dreiecke wie $1 : n$, so verhalten sich die Inhalte wie $1 : n^2$.

Diesem Satz gibt man oft eine andere Fassung. Nach (7) ist:
$\dfrac{J}{J_1} = \dfrac{1}{n^2}$. Erweitert man den Bruch mit a^2 oder u^2 oder h^2 usw.,
so erhält man:

$$\frac{J}{J_1} = \frac{a^2}{n^2 a^2} = \frac{u^2}{n^2 u^2} = \frac{h^2}{n^2 h^2} = \frac{a^2}{(n\,a)^2} = \frac{u^2}{(n\,u)^2} = \frac{h^2}{(n\,h)^2};$$

da aber $n\,a = a_1$, $n\,u = u_1$, $n\,h = h_1$ ist, ist:

$$\frac{J}{J_1} = \frac{a^2}{a_1{}^2} = \frac{h^2}{h_1{}^2} = \frac{u^2}{u_1{}^2} = \frac{b^2}{b_1{}^2},$$

d. h.: **Die Inhalte ähnlicher Dreiecke verhalten sich wie
die Quadrate irgendwelcher entsprechender Linien.** (Seiten,
Höhen usw.) Sind also die Seiten eines Dreiecks 2-, 3-, 4-... mal
größer als die Seiten eines gegebenen Dreiecks, so ist jede Linie
2-, 3-, 4-... mal größer. Der Inhalt aber ist 4-, 9-, 16-... mal
größer.

§ 14. Übungen und Beispiele.

Der Gedankengang, der bei fast allen Aufgaben über ähnliche Dreiecke
einzuschlagen ist, ist der folgende: Man beweist zunächst, daß in den
bezüglichen Figuren überhaupt ähnliche Dreiecke vorhanden sind. Das
gelingt in fast allen Fällen durch den Nachweis gleicher Winkel. Stimmen
zwei Dreiecke in zwei entsprechenden Winkeln überein, dann sind die
dritten Winkel ohne weiteres einander gleich. Aus der Ähnlichkeit der
Figuren lassen sich dann Proportionen ableiten, in denen natürlich die zu
berechnende Größe vorhanden sein muß.

1. Die Seiten eines Dreiecks sind $a = 32$, $b = 44$, $c = 34$ cm. Der
   Umfang eines ähnlichen Dreiecks ist 260 cm. Man berechne seine
   Seiten und das Verhältnis der Inhalte. ($a_1 = 75{,}64$, $b_1 = 104{,}00$,
   $c_1 = 80{,}36$ cm. $J : J_1 = 1 : 5{,}587$.)

   Andere Beispiele: Für $a = 18$, $b = 30$, $c = 24$. $a_1 = 15$ cm
   wird $b_1 = 25$, $c_1 = 20$ cm, $J : J_1 = 1{,}44 : 1$.

   Für $a = 15{,}2$, $b = 17{,}8$, $c = 20{,}0$, $c_1 = 50$ cm wird $a_1 = 38{,}0$,
   $b_1 = 44{,}5$, $J : J_1 = 1 : 6{,}25$.

2. Konstruiere zu einem Dreieck ein ähnliches, dessen Inhalt 2-, 3-, 4-,
   5,8-, n mal größer ist.

3. **Teilung einer Strecke nach vorgeschriebenem Verhältnis**
   (Fig. 126). AB sei die gegebene Strecke, die in C geteilt werden
   soll, so daß $AC : BC = m : n$ ist. Ziehe $AD \parallel BE$, mache $AD = m$,
   $BE = n$, DE gibt C.

   Macht man $AD = m$, $BE_1 = n$, so schneidet DE_1 auf der
   Verlängerung von AB einen Punkt C_1 aus, für den die Proportion

gilt: $AC_1 : BC_1 = m : n.$ Man sagt: AB ist durch C_1 außen im Verhältnis $m : n$ geteilt. Beweise die Richtigkeit der Konstruktionen.

Es sei $AB = a = 10$ cm. Berechne die Verlangerung x, wenn sich a) die Strecke zur Verlängerung wie $2 : 3$, b) die Strecke zur verlängerten Strecke $(a + x)$ wie $5 : 7$ verhalten soll. ($x = 15$ cm, 4 cm.)

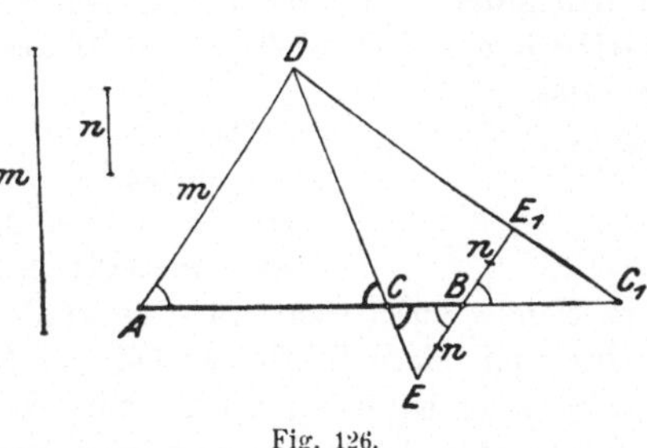

Fig. 126.

4 Der Transversalmaßstab. Er beruht auf dem folgenden einfachen Gedanken. Teilt man die Seite AB des Dreiecks ABC in

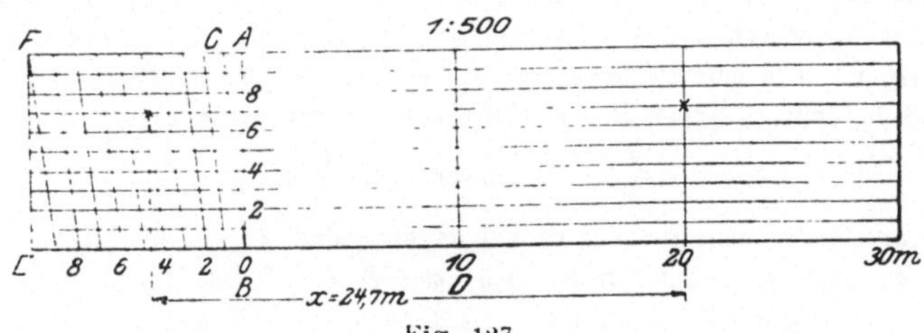

Fig. 127.

Fig. 127 in 10 gleiche Teile und zieht durch die Teilpunkte Parallelen zu AC, so haben die Parallelen die Längen $0,1 . AC$, $0,2 . AC$. $0,3 . AC$ usf. AF und BE sind auch in 10 gleiche Teile geteilt und die Teilpunkte hat man in der aus der Figur ersichtlichen Weise miteinander verbunden. Durch diese Querlinien (Transversalen) wird die Genauigkeit des Maßstabes erhöht. Die Fig. 127 dient zugleich zum bequemen Verkleinern von gemessenen Strecken im Verhältnis $1 : 500$. Einer Strecke von 10 m entspricht in der Figur eine Strecke von der Länge $BD = \dfrac{10}{500}$ m $= 2$ cm. x entspricht der Länge 24.7 m.

Der Nonius. Zur Ablesung von Teilen, die kleiner sind, als die eines Maßstabs, sind in der Praxis verschiedene Hilfsmittel im Gebrauch, von denen wir im folgenden noch den „Nonius" besprechen wollen (Fig. 128). Auf dem Hauptmaßstab M soll an der mit einem Pfeil versehenen Stelle der genaue Wert abgelesen werden. Er ist etwas größer als 42. Zur genauen Ermittelung des noch fehlenden

Flg. 128.

Restes x dient ein zweiter, längs des Maßstabes M verschiebbarer Hilfsmaßstab N, der Nonius. Dieser ist so beschaffen, daß auf zehn Teile n des Nonius 9 Teile m des Maßstabes M treffen. Es ist also

$$10\ n = 9\ .\ m\ \text{oder}$$
$$n = 0{,}9\ .\ m$$
$$m - n = m - 0{,}9\ m$$
$$m - n = 0{,}1\ .\ m. \tag{1}$$

Am Nonius findet man nun eine Stelle A, wo ein Strich der Noniusteilung mit einem Strich der Teilung M zusammenfällt. Dieser Treffpunkt möge um a Noniusteile vom Null-Punkte auf N entfernt sein. Der gesuchte Rest x ist dann nach der Figur

$$x = am - an = a\,(m - n)\ \text{oder nach (1)}$$
$$x = a\ .\ 0{,}1\ .\ m.$$

In der Figur ist $m = 1$, $a = 7$, somit ist $x = 0{,}7$. Die Noniusstellung entspricht somit dem Wert 42,7.

5. **Steigungsverhältnis einer geraden Linie. Proportionale Größen.** Die beiden Dreiecke OAB und OA_1B_1 in Fig. 129 sind ähnlich, denn $AB \parallel A_1B_1$ (1. Ähnlichkeitssatz). Daher ist:

$$\frac{y}{b} = \frac{x}{a}\quad \text{oder}\quad y = \frac{b}{a}\,x. \tag{1}$$

Hieraus kann man, wenn a und b gegeben sind, zu jedem beliebigen x das zugehörige y berechnen. Für $a = 8$, $b = 6$ cm findet man für

$$x = 4{,}3 \qquad 5{,}8 \qquad 7{,}2 \qquad 9{,}4 \qquad 20\ \text{cm}$$
die Werte $y = 3{,}225 \qquad 4{,}35 \qquad 5{,}4 \qquad 7{,}05 \qquad 15\ \text{cm.}$ (Zeichnung!)

Stehen a und b aufeinander senkrecht, dann nennt man $\dfrac{b}{a}$ das „Steigungsverhältnis" oder die „Steigung" der geraden g gegenüber der horizontalen Linie. α heißt der Steigungswinkel. b liegt α gegenüber.

Wir betrachten nun O als Anfangspunkt eines Koordinatensystems. $OA_1 = x$ und $A_1B_1 = y$ sind jetzt die Koordinaten eines

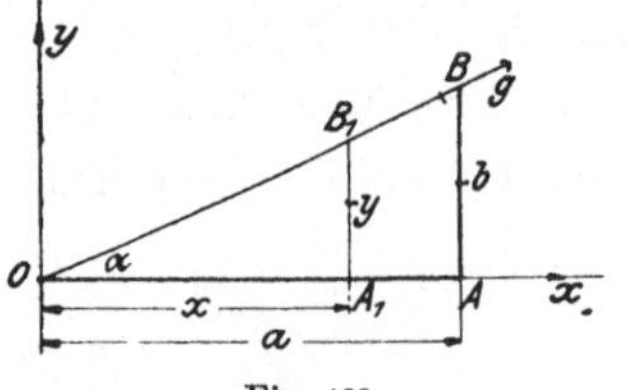

Fig. 129.

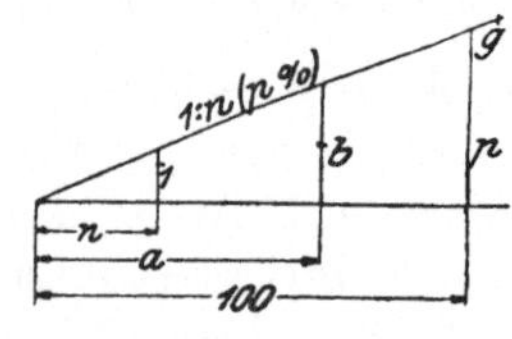

Fig. 130.

beliebigen Punktes der Geraden $OB = g$. Setzt man $\dfrac{b}{a} = k$, so erkennt man in Gleichung (1) die in § 11 gegebene Gleichung

$$y = kx, \tag{2}$$

die das algebraische Gesetz darstellt, das irgend zwei proportionale Größen aneinander bindet. Stellt man demnach die Gleichung (2) in einem Koordinatensystem dar, d. h. faßt man y und x als Koordinaten auf, so erhält man immer eine durch den Anfangspunkt O gehende gerade Linie. Den Gleichungen

$$u = \pi\, d; \quad \widehat{\alpha} = \frac{\pi}{180}\, \alpha^0; \quad d = a\sqrt{2} \text{ usf. entsprechen in einem Koor-}$$

dinatensystem gerade Linien. Vergleiche 34 in § 9; 24 in § 11.

6. Sehr oft gibt man das Steigungsverhältnis $\dfrac{b}{a}$ entweder in der Form $1:n$ oder in Prozenten an. Wie man aus der Fig. 130 ersieht, gilt die Beziehung:

$$\frac{b}{a} = \frac{1}{n} = \frac{p}{100} = p\,^0/_0, \text{ und (1) in Aufgabe (5) lautet:}$$

$$y = \frac{1}{n}\, x = \frac{p}{100} \cdot x.$$

Man schreibt das Steigungsverhältnis $1:n$ gewöhnlich an die Hypotenuse des Dreiecks, dessen Katheten sich wie $1:n$ verhalten.

Man gebe die Steigungen a) $5:7$; b) $8:15$; c) $3:10$; d) $1:1$ in der Form $1:n$ und in Prozenten an:

a) $1:1,4 = 71,4\,^0/_0$; b) $1:1,875 = 53,3\,^0/_0$; c) $1:3^1/_3 = 30\,^0/_0$; d) $100\,^0/_0$. Zeichne eine Gerade mit dem Steigungsverhältnis $1:4$; $1:2,5$; $10\,^0/_0$.

7. Zeige, daß die Höhe y in der Fig. 131 aus a, b, c und x nach der Gleichung

$$y = \frac{b-c}{a}\, x + c$$

berechnet werden kann. Diese Gleichung gilt immer, wenn b, c, y parallel sind. Stehen sie wie in der Figur auf a senkrecht, dann ist y auch gleich

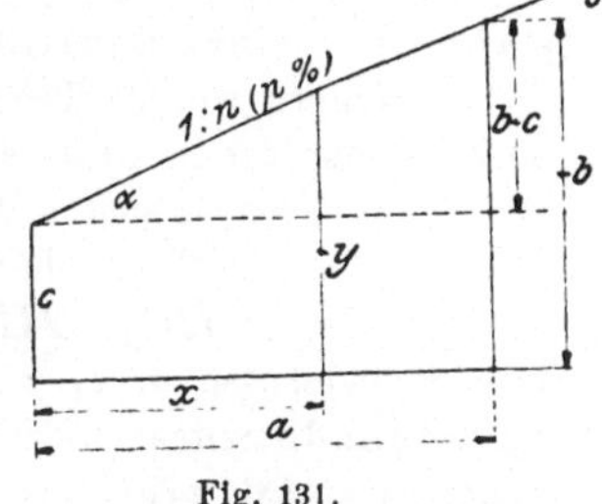

Fig. 131.

$$y = \frac{x}{n} + c = \frac{p}{100} \cdot x + c.$$

Man zeichne die Figur für $a = 10$, $c = 4$, $b = 9$ cm und berechne für die Werte

$x =$	2,7	4,5	6,3	12,9	14 cm
die Werte $y =$	5,35	6,25	7,15	10,45	11 cm.

Für welches x ist $y =$	8,7	15,3	12 cm?
Resultat: Für $x =$	9,4	22,6	16 cm.

Ist $c = 2$ cm, die Steigung $1:20$, dann erhält man für die Werte

$x =$	3	6,7	8,9	10,8 cm
die Werte $y =$	2,15	2,335	2,445	2,54 cm.

Ist $c = 6$ cm, die Steigung $13\,{}^0/_0$, dann findet man für die Werte

$$x = 7 \qquad 9,2 \qquad 16,3 \qquad 38 \text{ cm}$$
$$\text{die Werte } y = 6,91 \qquad 7,196 \qquad 8,119 \qquad 10,94 \text{ cm.}$$

Prüfe alle Resultate durch Nachmessen an der Zeichnung.

8. Zeichne zwei sich schneidende Gerade g und l, wähle auf g drei aufeinander folgende Punkte A, B, C, und zwar so, daß der Schnittpunkt von g und l zwischen A und B liegt. Ziehe durch A, B, C parallele Linien, die l in A_1, B_1, C_1 schneiden. Man messe in der Figur die Strecken AA_1, CC_1, AC, AB und berechne BB_1.

9. Berechne den Inhalt des Trapezes in Fig. 132. ($J = 40$ m².)

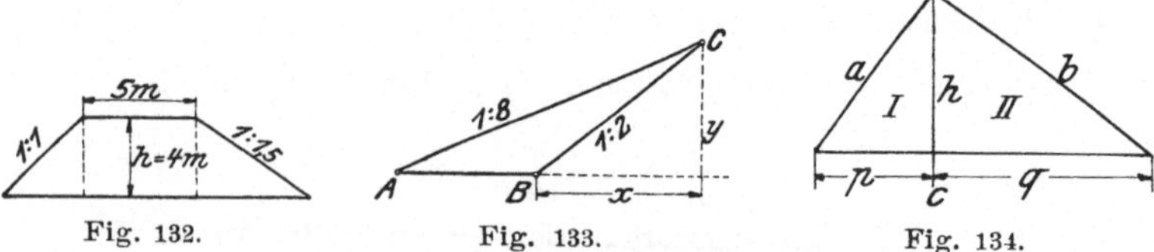

Fig. 132.   Fig. 133.   Fig. 134.

10. Berechne aus $AB = 21$ cm die Längen x, y, AC und BC der Figur 133. Es ist $x = 7$ cm, $y = 3,5$ cm, $AC = 28,22$ cm, $BC = 7,83$ cm. Zeichne die Figur.

11. Das rechtwinklige Dreieck (Fig. 134). Man beweise den folgenden Satz: Die Höhe eines rechtwinkligen Dreiecks zerlegt das Dreieck in zwei ähnliche Dreiecke, die auch dem ganzen Dreieck ähnlich sind.

Nennen wir die Teildreiecke I und II, das ganze Dreieck III, so folgt aus der Ähnlichkeit

$$\text{von } I \text{ und } II: \quad p : h = h : q \quad \text{oder } h^2 = pq,$$
$$\text{\glqq} \quad I \text{ \glqq } III: \quad p : a = a : c \quad \text{\glqq} \quad a^2 = pc,$$
$$\text{\glqq} \quad II \text{ \glqq } III: \quad q : b = b : c \quad \text{\glqq} \quad b^2 = qc.$$

Die Hypotenusen a, b, c der Dreiecke I, II und III sind entsprechende Seiten. Bezeichnen J_1, J_2 und J_3 die Inhalte der Dreiecke, so verhält sich

$$\frac{J_1}{J_3} = \frac{a^2}{c^2} \text{ und } \frac{J_2}{J_3} = \frac{b^2}{c^2},$$

daher ist

$$\frac{J_1}{J_3} + \frac{J_2}{J_3} = \frac{J_1 + J_2}{J_3} = \frac{a^2 + b^2}{c^2},$$

da aber $J_1 + J_2 = J_3$ ist, so ist $\dfrac{a^2 + b^2}{c^2} = 1$ oder

$$a^2 + b^2 = c^2.\,{}^1)$$

${}^1)$ Dieser Beweis des pythagoreischen Lehrsatzes stammt von dem Mathematiker Jacob Steiner (1796—1863).

Die in § 8 besprochenen Sätze über das rechtwinklige Dreieck lassen sich also mit Hilfe der Ähnlichkeitslehre in sehr einfacher Weise ableiten.

12. $a = 231$, $b = 520$ mm sind die Katheten eines rechtwinkligen Dreiecks. h ist die zur Hypotenuse c gehörige Höhe. Vom Endpunkt von b aus wird auf c eine Strecke von 200 mm abgetragen und durch den Endpunkt eine Parallele zu h gezogen. Wie lang ist der zwischen b und c liegende Abschnitt x? ($x = 88,7$ mm.)

13. In einem rechtwinkligen Dreieck mit den Katheten a und b verlängere man die Halbierungslinie w des rechten Winkels bis zum Schnitt mit der Hypotenuse c. Berechne w, sowie die Abschnitte x und y auf der Hypotenuse aus a, b, c (Fig. 118):

$$w = \frac{ab}{a+b}\sqrt{2}\;;\; x = \frac{ac}{a+b}\;;\; y = \frac{bc}{a+b}.$$

Für $a = 28$ cm, $b = 45$ cm ist $c = 53$ cm; $w = 24,4$, $x = 20,3$, $y = 32,7$. Berechne auch die Halbierungslinien der spitzen Winkel (32,03, 46,8 cm).

14. a und h seien Grundlinie und Höhe eines Dreiecks. In welchem Abstande y von a läßt sich im Dreieck eine Parallele zu a von der Länge x ziehen? $y = \dfrac{h(a-x)}{a}$.

Ist $a = 20$ cm, $h = 16$ cm, $x = 17$ cm, so ist $y = 2,4$ cm.
Für $y = 7$ cm wird $x = 11,25$ cm.

15. a, b, h seien die Grundlinien und die Höhe eines Trapezes. $x =$ Abstand des Schnittpunktes der beiden verlängerten Schenkel von der kleineren Parallelen b. Berechne x und $x + h$ aus a, b, h und leite die Inhaltsformel des Trapezes durch Subtraktion der Dreiecke mit den Höhen $x + h$ und x von neuem ab.

v sei eine Parallele zu a im Trapez, ihr Abstand von b sei u. Für $a = 50$, $b = 20$, $h = 44$, $u = 12$ cm berechnet man $v = 28,18$ cm.

„ $a = 18$, $b = 12$, $h = 20$, $u = 6$ „   „   „ $x = 40$, $v = 13,8$ cm.
„ $x = 6$, $b = 4$, $h = 15$, $v = 8$ „   „   „ $a = 14$, $u = 6$ cm.

16. ABC sind die Ecken eines Dreiecks. E liegt auf AB, D auf der Verlängerung von BC über C hinaus. DE schneidet AC in F.

Beweise: Ist $EB = \dfrac{1}{2}\,AB$; $BD = 2\cdot BC$, dann ist $CF = \dfrac{1}{3}\,AC$.

Ist $EB = \dfrac{1}{n}\cdot AB$; $BD = n\cdot BC$, dann ist $CF = \dfrac{1}{n+1}\cdot AC$.

17. $ABCD$ in Fig. 135 ist ein Rechteck. Beweise: $R = \dfrac{a^2}{b}$, $r = \dfrac{b^2}{a}$,

$$DG = \frac{a}{b}\sqrt{a^2+b^2},\; DE = \frac{b}{a}\sqrt{a^2+b^2},\; AE = \frac{a^2-b^2}{a},\; AG =$$

$$\frac{a^2 - b^2}{b}, \quad FC = \frac{a^2}{\sqrt{a^2 + b^2}}, \quad BF = \frac{b^2}{\sqrt{a^2 + b^2}}. \quad \text{Prüfe die Dimensionen!}$$

18. Berechne in Fig. 136 die Längen R_1 und R_2 aus r_1 und r_2. (Kegelräder.) Es wird $R_1 = \frac{r_1}{r_2} \cdot \sqrt{r_1{}^2 + r_2{}^2}$; $R_2 = \frac{r_2}{r_1} \cdot \sqrt{r_1{}^2 + r_2{}^2}$.

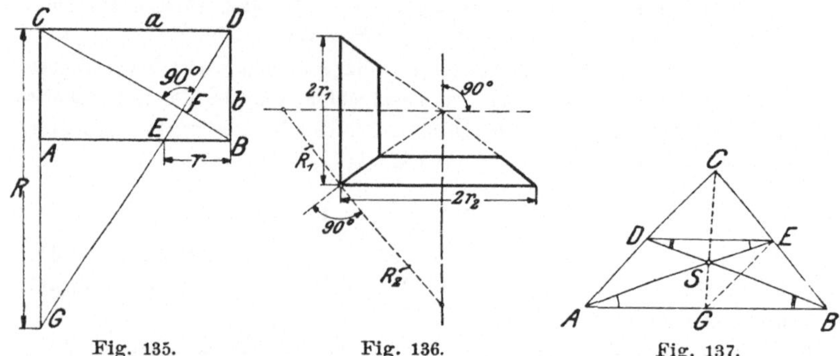

Fig. 135.   Fig. 136.   Fig. 137.

19. In Fig. 137 sind D und E die Mittelpunkte von AC und BC. Der Schnittpunkt S von AE und BD heißt der **Schwerpunkt** des Dreiecks. Beweise: $AS = 2 \cdot ES$; $BS = 2 \cdot DS$. Beweise ferner: Ist G der Mittelpunkt von AB, so geht auch GC durch S. AE, BD, GC heißen die Schwerlinien des Dreiecks. **Die drei Schwerlinien eines Dreiecks schneiden sich in einem Punkte, der von jeder Ecke doppelt so weit entfernt ist, wie von der Mitte der gegenüberliegenden Ecke.**

Es sei J der Inhalt des Dreiecks ABC; berechne daraus den Inhalt der Dreiecke CDE, ABS, DES, ASD, BSE und prüfe, ob deren Summe wieder J gibt.

20. Verlängere die eine Parallele a eines Trapezes um eine Strecke, die gleich der anderen Parallelen b ist; an die zweite Parallele b füge man nach entgegengesetzter Richtung eine Strecke a. Verbinde die Endpunkte der Verlängerungen durch eine gerade Linie; diese schneidet die Verbindungslinie der Mittelpunkte von a und b in einem Punkte S, dem **Schwerpunkt des Trapezes**. Beweise, daß S von a den Abstand $x = \dfrac{a + 2b}{3(a + b)} \cdot h$ und von b den Abstand $y = \dfrac{b + 2a}{3(a + b)} \cdot h$ hat. Was wird aus x und y, wenn $a = b$ oder wenn $b = 0$ ist?

21. Von einem Dreieck soll durch eine Parallele zu einer Seite ein Dreieck abgeschnitten werden, dessen Inhalt der dritte Teil vom Inhalt des ganzen Dreiecks ist.

Anleitung. Sind a, b, c die Seiten eines gegebenen Dreiecks, dann haben die entsprechenden Seiten a_1, b_1, c_1 des gesuchten Dreiecks die Längen $a_1 = a\sqrt{\dfrac{1}{3}}$; $b_1 = b\sqrt{\dfrac{1}{3}}$; $c_1 = c\sqrt{\dfrac{1}{3}}$. Jeder Ausdruck läßt sich leicht konstruieren; es ist z. B. $a\sqrt{\dfrac{1}{3}} = \sqrt{\dfrac{a^2}{3}} = \sqrt{a \cdot \dfrac{a}{3}}$; geometrisches Mittel aus a und $\dfrac{a}{3}$; Halbkreis über a.

Zerlege ein Dreieck durch Parallelen zu einer Seite 1) in 2, 2) in 3 inhaltsgleiche Flächenstücke.

22. Ein Trapez soll durch eine Parallele zu den Grundlinien in zwei inhaltsgleiche Trapeze zerlegt werden.

Anleitung. Es sei $b < a$. A und B seien die Endpunkte eines Schenkels, A liegt bei a. x sei die gesuchte Parallele, sie schneidet AB in C. Ziehe durch B und C Parallelen zum andern Schenkel. Es entstehen zwei ähnliche Dreiecke. Ist h der Abstand von a und b; y der von x und a, dann lassen sich die Gleichungen aufstellen:

$$(a - x):(a - b) = y:h \quad \text{und} \quad \frac{a + x}{2} \cdot y = \frac{b + x}{2} \cdot (h - y);$$

durch Elimination von y erhält man $x = \sqrt{\dfrac{a^2 + b^2}{2}}$; x läßt sich auch leicht konstruieren; es ist x das geometrische Mittel zu $\sqrt{a^2 + b^2}$ und $\dfrac{1}{2}\sqrt{a^2 + b^2}$. — Führe die Konstruktion für ein bestimmtes Trapez durch und prüfe sie durch die Rechnung.

23. Die Mittelpunkte M_1 und M_2 zweier Kreise mit den Radien R und r haben eine Entfernung e voneinander und es sei $R > r$ und $e > R + r$. Eine innere (äußere) Tangente schneidet die Zentrallinie in A (B). Berechne $M_1 A = x$ und $M_2 B = y$ aus R, r und e. Man findet $x = \dfrac{Re}{R + r}$; $y = \dfrac{re}{R - r}$. Was wird aus den Resultaten für $R = r$? Wie groß muß r gewählt werden, damit $y = 3R$ oder $y = \dfrac{e}{2}$ wird?

$$\left(r = \frac{3R^2}{3R + e}; \quad r = \frac{R}{3} \right).$$

24. Ein Punkt P hat vom Mittelpunkt M eines Kreises den Abstand a $(a > r)$; MP schneidet den Kreis in C. Man ziehe von P aus die beiden Tangenten an den Kreis, die ihn in A und B berühren mögen. Ziehe in C die Tangente, sie schneidet PA in E und PB in D. AB trifft MP in F. Berechne die Strecken ED, PD, CF aus a und r. Es wird $ED = \dfrac{2(a - r)r}{t}$, wenn t die Länge der Tangente PA ist;

da $t = \sqrt{a^2 - r^2}$ ist, ist $ED = 2r\sqrt{\dfrac{a-r}{a+r}}$; $PD = \dfrac{a(a-r)}{t}$

$$= a\sqrt{\dfrac{a-r}{a+r}}; \quad CF = \dfrac{r(a-r)}{a}.$$

Für $a = 274$; $r = 176$ mm wird $t = 210$ mm; $ED = 164,3$; $PD = 127,9$; $CF = 62,9$ mm.

25. Von einem Punkte P werden zwei Tangenten an einen Kreis mit dem Mittelpunkte M gezogen. A und B seien die Berührungspunkte und der Winkel APB sei spitz. Ziehe $BC \perp PA$, $MD \perp BC$; ziehe noch MB. Berechne $BC = x$; $AC = y$ aus den Längen $PA = PB = a$ und r. Aus ähnlichen Dreiecken ergibt sich $y : r = x : a$ und $r : (x - r) = a : (a - y)$, woraus man findet: $y = \dfrac{2ar^2}{a^2 + r^2}$; $x = \dfrac{2a^2 r}{a^2 + r^2}$ (Dimension!). Gelten diese Beziehungen auch dann, wenn der $\sphericalangle APB$ stumpf ist? Was wird aus x und y für $a = r$; $a = 2r$; $a = \infty$; $a = r\sqrt{3}$?

26. **Konstruktion eines flachen Kreisbogens.** P in Fig. 138 sei ein beliebiger Punkt auf der obern Hälfte des Halbkreises. $PACB$ ist ein Rechteck. Wir teilen PA und PB je in beliebig viele gleiche Teile (in der Figur in 3) und verbinden die Teilpunkte mit C und D. Beweise, daß die Strahlen $C1$ und $D1'$; $C2$ und $D2'$ aufeinander senkrecht stehen, daß also die Punkte I und II auf dem Kreise durch C und D liegen.

Diese Eigenschaften sind in Fig. 139 zur Konstruktion eines flachen Kreisbogens

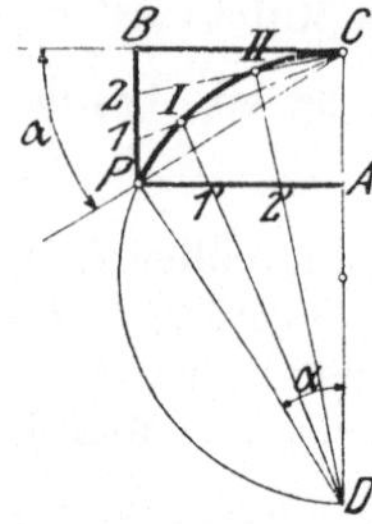

Fig. 138.

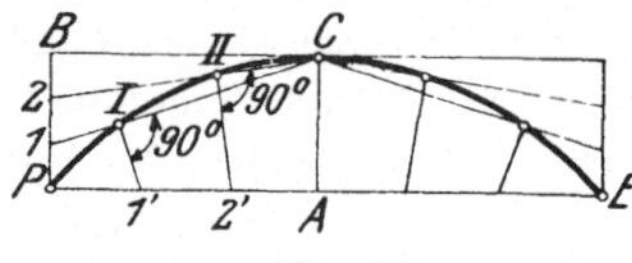

Fig. 139.

aus der Sehne PE und der Bogenhöhe CA verwertet worden. Man teilt PA in beliebig viele gleiche Teile, ebenso BP, fällt von $1'$ ein Lot auf $C1$, von $2'$ ein Lot auf $C2$ usf. I und II liegen auf dem Kreise durch PCE. Wähle z. B. $PE = 20$ cm, $AC = 4$ cm.

§ 15. Ähnliche Vielecke. Der Einheitskreis.

Wir ziehen von der Ecke P des Fünfecks $PABCD$ in Fig. 140 Strahlen nach den übrigen Ecken, nehmen A_1 auf dem Strahl durch A beliebig an, ziehen $A_1 B_1 \parallel AB$; $B_1 C_1 \parallel BC$;

$C_1 D_1 \parallel CD$. Die beiden Fünfecke $PABCD$ und $PA_1B_1C_1D_1$ haben entsprechend gleiche Winkel. Sodann ist nach § 13:
$$\triangle PAB \sim \triangle PA_1B_1; \triangle PBC \sim \triangle PB_1C_1; \triangle PCD \sim \triangle PC_1D_1.$$
Die Dreiecksseiten, die auf den Strahlen durch P liegen, gehören immer zu zwei verschiedenen Dreiecken. Mit ihrer Hilfe kann man die Proportionen, die für die Seiten zweier ähnlicher Dreiecke aufgestellt werden können, auch auf die benachbarten Dreiecke fortsetzen. Es ist also:

$$\frac{PA_1}{PA} = \frac{A_1B_1}{AB} = \left[\frac{PB_1}{PB}\right] = \frac{B_1C_1}{BC} = \left[\frac{PC_1}{PC}\right]$$
$$= \frac{C_1D_1}{CD} = \frac{PD_1}{PD} = n \tag{1}$$

oder
$$PA_1 = n \cdot PA; \quad A_1B_1 = n \cdot AB; \quad B_1C_1 = n \cdot BC \text{ usw.} \tag{2}$$
Die beiden Fünfecke haben demnach 1. entsprechend gleiche Winkel und 2. proportionale Seiten, d. h. sie sind ähnlich.

Es ist leicht einzusehen, daß nicht nur entsprechende Seiten, sondern überhaupt irgendwelche entsprechende Linien im gleichen Verhältnis $1:n$ stehen. So liefern die in (1) eingeklammerten Verhältnisse die Gleichungen $PB_1 = n \cdot PB$; $PC_1 = n \cdot PC$, d. h. auch die von P ausgehenden Diagonalen stehen im Verhältnis $1:n$. Dasselbe könnte auch für die übrigen Diagonalen nachgewiesen werden.

Die beiden Fünfecke setzen sich aus entsprechend ähnlichen Dreiecken zusammen, deren Inhalte sich wie $1:n^2$ verhalten. So ist
$$\triangle PA_1B_1 = n^2 \cdot \triangle PAB$$
$$\triangle PB_1C_1 = n^2 \cdot \triangle PBC$$
$$\triangle PC_1D_1 = n^2 \cdot \triangle PCD.$$
Durch Addition dieser Gleichungen erhält man links den Inhalt J_1 des Fünfecks $PA_1B_1C_1D_1$ und rechts n^2 mal den Inhalt J des anderen Fünfecks; es ist demnach
$$J_1 = n^2 J. \tag{3}$$
Ähnliche Überlegungen lassen sich an irgendwelche ähnliche Figuren knüpfen. Verhalten sich also entsprechende Seiten ähnlicher Figuren wie $1:n$, so gilt das gleiche Verhältnis für alle entsprechenden Linien; dagegen verhalten sich die Inhalte wie $1:n^2$ oder wie die Quadrate entsprechender Linien.

Diese Resultate sind ganz unabhängig von der besonderen Lage der beiden Fünfecke in Fig. 140. Denn wenn irgend ein zu

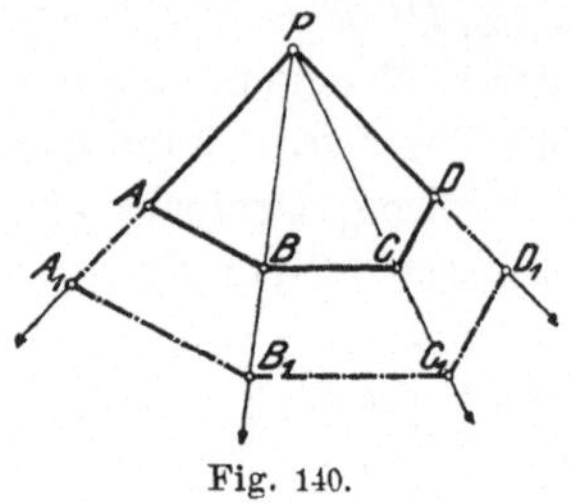

Fig. 140.

$PABCD$ ähnliches Fünfeck in anderer Lage gegeben wäre, so könnte man es durch Verschiebung in die Lage der Fünfecke in Fig. 140 bringen.

Bei Dreiecken folgte aus der Gleichheit der Winkel ohne weiteres die Proportionalität der Seiten und umgekehrt. Bei Vielecken ist das im allgemeinen nicht zutreffend. Man vergleiche ein Rechteck und ein Quadrat, oder ein Quadrat und einen Rhombus. Bevor man also von zwei Vielecken sagen kann, sie seien ähnlich, muß man sowohl die Gleichheit der Winkel, als auch die Proportionalität der Seiten nachweisen.

Fig. 140 zeigt, wie zu irgend einem Fünfeck (oder Vieleck) ein ähnliches nach einem vorgeschriebenen Maßstab $1:n$ konstruiert werden kann. Man wählt den Punkt A_1 auf dem Strahl so, daß $\dfrac{PA_1}{PA} = n$ ist und führt die Konstruktion in der erläuterten Weise aus. Man kann den Punkt P auch irgendwo in der Ebene des Fünfecks wählen, z. B. im Innern des Fünfecks oder außerhalb, wie es in Fig. 141 geschehen ist, aus der sich die Gleichungen ebenfalls herleiten ließen. Liegen zwei ähnliche Figuren so, daß die Verbindungslinien entsprechender Punkte $(AA_1,\ BB_1\ldots)$ durch einen Punkt (P) gehen und daß je zwei entsprechende Strecken einander parallel sind, so sagt man, die Figuren seien in „perspektivischer" oder „**ähnlicher Lage**" (Fig. 140 und 141). P heißt der Ähnlichkeitspunkt oder das Perspektivzentrum und die durch P gehenden Strahlen werden Ähnlichkeitsstrahlen genannt. Für irgend zwei auf einem Ähnlichkeitsstrahl liegende entsprechende Punkte, z. B. $QQ_1,\ AA_1\ldots$ der beiden Figuren ist das Verhältnis $\dfrac{PQ}{PQ_1},\ \dfrac{PA}{AA_1}\ldots$ das gleiche. Zwei ähnliche Figuren, die nicht in ähnlicher Lage sind, lassen sich stets in „ähnliche Lage" bringen.

Zahlreiche in den Handel kommende Vergrößerungs- und Verkleinerungsapparate (Storchschnabel, Pantograph) stützen sich auf die Lehre von der perspektivischen Lage ähnlicher Figuren. In Fig. 142

ist ein solcher Apparat schematisch dargestellt. Er besteht aus 4 in B und A gelenkartig verbundenen Stäben. AE und AH können durch Schrauben in beliebigen Lagen E und H festgehalten werden. Man stellt nun den Apparat so ein, daß $AEBH$ ein Parallelogramm ist und die Punkte PAA_1 in einer geraden Linie liegen. Hält man P auf der

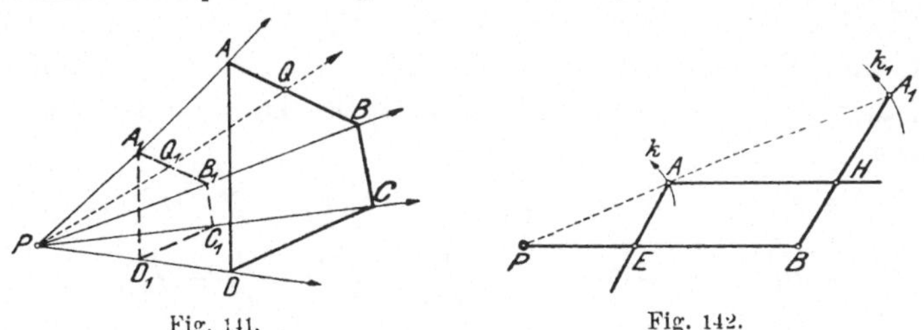

Fig. 141. Fig. 142.

Papierebene fest und führt A längs einer Kurve k, so beschreibt A_1 eine ähnliche Kurve k_1, die zu k in bezug auf P in ähnlicher Lage ist. k wird dabei im Maßstab $1:n$ vergrößert, wenn $PB = n \cdot PE$ gemacht ist. Man überlege sich, warum wohl die Punkte P, A, A_1 während der Bewegung immer in einer geraden Linie bleiben und warum immer $PA_1 = n \cdot PA$ ist.

Der Einheitskreis. Alle Kreise sind einander ähnlich. Ihre Umfänge verhalten sich wie die Radien oder wie die Durchmesser, ihre Inhalte wie die Quadrate der Radien oder der Durchmesser. In Fig. 143 sind um den Scheitel eines Winkels α^0 zwei Kreisbogen mit den Radien r und 1 geschlagen. Sektoren, die zum gleichen Zentriwinkel gehören, sind ähnlich. Die Sehnen s und s_1, die Pfeilhöhen h und h_1, die Radien r und 1, die schraffierten

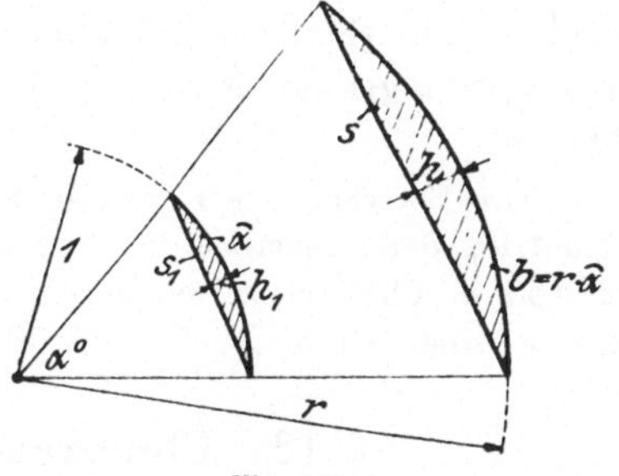

Fig. 143.

Segmente mit den Inhalten J und J_1 sind entsprechende Stücke der beiden ähnlichen Sektoren.

Da sich nun der Radius des Einheitskreises zum Radius des beliebigen Kreises wie $1:r$ verhält, so ist jede Linie am beliebigen Kreis das r-fache der entsprechenden Linie am Einheitskreis, dagegen können die Inhalte aller Flächenstücke aus den Inhalten der entsprechenden Flächen am Einheitskreis durch Multiplikation mit r^2 berechnet werden.

Die Größen am Einheitskreis lassen sich also in außerordentlich einfacher Weise jedem beliebigen Kreise anpassen.

Es sei b der Bogen, h die Bogenhöhe, s die Sehne, J der Inhalt eines Kreissegments in einem Kreise von beliebigem Radius r. $\overset{\frown}{\alpha}$, h_1, s_1, J_1 seien die entsprechenden Größen im Einheitskreis. Es ist dann:

$$b = r \cdot \overset{\frown}{\alpha}, \qquad s = r \cdot s_1, \qquad h = r \cdot h_1, \qquad J = r^2 \cdot J_1$$

$$\text{oder} \quad \frac{b}{r} = \overset{\frown}{\alpha}, \qquad \frac{s}{r} = s_1, \qquad \frac{h}{r} = h_1 \qquad \frac{J}{r^2} = J_1. \tag{1}$$

In all diesen Gleichungen (1) steht links eine reine Zahl, da überall zwei Größen von der gleichen Dimension durcheinander dividiert werden; infolgedessen müssen auch die Größen rechts reine Zahlen sein, d. h. aber, von den in der Figur gezeichneten Linien, Flächen $\overset{\frown}{\alpha}$, s_1, h_1 usw. kommen in den Gleichungen (1) nur die ihnen anhaftenden Maßzahlen in Betracht. Sofern wir also die Größen im Einheitskreis durch Multiplikation mit r oder r^2 einem andern Kreise anpassen wollen, haben wir sie als reine Zahlen aufzufassen. Dies ist in der Tabelle I in den Überschriften der einzelnen Kolonnen kenntlich gemacht. Die Tabelle der Bogenlängen ist mit $b : r$, die der Sehnen mit $s : r$ usw. überschrieben.

Die Berechnung der Tabelle I wird in einem anderen Gebiete der Geometrie, der Trigonometrie, gezeigt. Schon Claudius Ptolemäus (um 150 n. Chr.), einer der berühmtesten griechischen Astronomen, berechnete eine Sehnentafel, die von 30 zu 30′ fortschreitet.

§ 16. Übungen und Beispiele.

1. In ein Rechteck wird ein zweites Rechteck gezeichnet, dessen Seiten von denen des ersten den gleichen Abstand haben. Warum sind die Rechtecke nicht ähnlich? Zeichne ein ähnliches Rechteck. Sind zwei Dreiecke, deren Seiten gleichen Abstand voneinander haben, ähnlich?

2. Ein Rechteck hat die Seiten $a = 110{,}8$ m, $b = 62{,}3$ m. Zeichne das Rechteck im Maßstab $1 : 500$ (d. h. Linie der Zeichnung : Linie des Originals $= 1 : 500$). Mit wieviel gezeichneten Rechtecken könnte man das Original überdecken? (250 000.)

3. Seiten eines Vierecks: $a = 15$, $b = 20$. $c = 21$, $d = 18$ cm. Umfang u_1 eines ähnlichen Vierecks $= 40$ cm. Berechne seine Seiten. ($a_1 = 8,11$, $b_1 = 10,81$, $c_1 = 11,35$, $d_1 = 9,73$, $J : J_1 = 1 : 0,292 = 3,42 : 1$.)

Ebenso für ein **Fünfeck**: Ist $a = 20$, $b = 24$, $c = 26$, $d = 25$, $e = 19$ cm, $u_1 = 200$ cm, dann wird $a_1 = 35,09$, $b_1 = 42,11$, $c_1 = 45,61$, $d_1 = 43,86$, $e_1 = 33,33$ cm. $n = 1,7544$, $J : J_1 = 1 : 3,078$.

4. Ein gleichschenkliges **Trapez** hat die Parallelen $a = 50$ cm, $b = 20$ cm, die Höhe $h = 80$ cm. Es soll durch eine Parallele (x) zu den Grundlinien in zwei ähnliche Trapeze zerlegt werden. Der Inhalt des größern der beiden Trapeze sei J_1, seine Höhe h_1, seine Diagonale d_1, entsprechende Bedeutung haben J_2, h_2 und d_2. Berechne die Größen x. J_1, J_2, h_1, h_2, d_1, d_2. Es wird

$$x = \sqrt{a\,b} = 31,6 \text{ cm}. \quad J_1 : J_2 = a : b; \quad J_1 = 2000, \ J_2 = 800 \text{ cm}^2.$$
$$h_1 = 49,01, \ h_2 = 30,99, \ d_1 = 63,8, \ d_2 = 40,4 \text{ cm}.$$

Zeichne das Trapez im Maßstab $1 : 5$ und konstruiere $x = \sqrt{a\,b}$. Wie lang würde x, wenn die Höhe h viermal größer wäre?

5. Zeichne einen **Kreis**, dessen Inhalt 2-, 3-, 4mal größer ist als der eines gegebenen Kreises.

6. Auf einem Kreise von 400 m Radius wird ein **Bogen** von 50 m Länge abgetragen. Welches sind die entsprechenden, d. h. zu gleichem Zentriwinkel α gehörigen Bogenlängen bei Kreisen von 420 bezw. 380 m Radius? (α soll nicht berechnet werden.) 52,5, 47,5 m

7. In einem **Kreisringsektor** (siehe Figur 98) ist der äußere Bogen $B = 9,8$, der innere $b = 4,3$ und $r = 5$ cm. Berechne w. ($w = 6,4$ cm.)

Berechne aus B, b, w die Radien r und R. $\left(r = \dfrac{w}{B - b} \cdot b, \right.$

$$R = \frac{w}{B - b} \cdot B. \left.\right)$$

Der mittlere Radius r_m sei 80, $B = 50$, $b = 40$ cm; berechne w. (17,78 cm.)

8. Der Inhalt eines **Kreissegments** beträgt 50 cm². Berechne den Inhalt eines ähnlichen Segments, wenn der Kreisradius 1,7-, 2,3-, 5,8 mal größer ist. (144,5, 264,5, 1682 cm².)

9. Die Inhalte irgend zweier ähnlicher Figuren sind 5,23 und 9,58 m². Wie verhalten sich entsprechende Linien? (1 : 1,354)

10. Der Durchmesser einer **Welle** wird um 10, 15, 20, $p\,^0/_0$ vergrößert, um wieviel Prozent vergrößert sich der Querschnitt?

$$21; \ 32,25; \ 44; \ p\left(2 + \frac{p}{100}\right){}^0/_0.$$

11. Der Inhalt eines **Kreises** soll um 10, 15, 20, $p\,^0/_0$ vergrößert werden, um wieviel Prozent ist der Durchmesser zu vergrößern?

Lösung: Ist d der Durchmesser des alten, x der des neuen Kreises, dann ist für eine Vergrößerung um $10\,^0/_0$:

$$\frac{x^2 \cdot \pi}{4} = 1,1 \cdot \frac{d^2\,\pi}{4}\,, \text{ daraus folgt } x = d\sqrt{1,1}.$$

Absolute Vergrößerung $= x - d = d\left(\sqrt{1,1} - 1\right).$

Relative Vergrößerung $= \dfrac{x - d}{d} = \sqrt{1,1} - 1 = 1,0488 - 1$

$$= 0,0488 = 4,88\,^0/_0$$

Die übrigen Resultate sind: 7,24, 9,545, $100\left(\sqrt{1 + \dfrac{p}{100}} - 1\right)^0/_0.$

12. Ersetze in den Inhaltsformeln

$$J = g\,h; \quad r^2\,\pi; \quad \frac{a+b}{2} \cdot h; \quad \sqrt{s\,(s-a)\,(s-b)\,(s-c)}$$

jede Linie durch ihren n fachen Betrag und zeige, daß in jedem Falle der neue Inhalt $J_1 = n^2\,J$ ist.

13. In ein Dreieck mit der Grundlinie a und der Höhe h (Fig. 144) ist

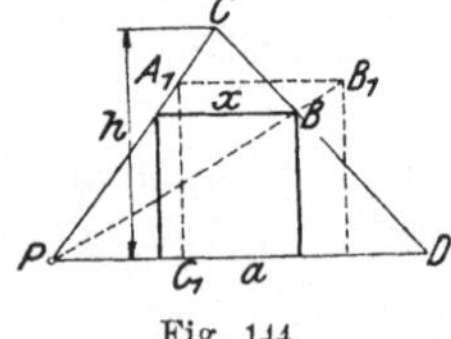

Fig. 144.

ein Quadrat zu zeichnen, so daß zwei Ecken in a und die beiden anderen auf den anderen Seiten des Dreiecks liegen.

Lösung. Wähle A_1 auf PC beliebig, konstruiere das Quadrat mit der Seite A_1C_1, verbinde P mit B_1, dann ist B eine Ecke des gesuchten Quadrates. Begründung: P ist das Perspektivzentrum zu den ähnlich liegenden Quadraten. PC, PB_1, PD sind Perspektivstrahlen. x hat die Länge $\dfrac{a\,h}{a+h}$.

14. Konstruiere nach der gleichen Methode
   a) in ein Dreieck ein Rechteck, dessen Seiten sich wie $2:3$ verhalten,
   b) in einen Kreissektor ($\alpha < 180^0$) ein Quadrat, von dem zwei Ecken auf dem Kreisbogen und die übrigen auf den Begrenzungsradien liegen,
   c) in einen gegebenen Kreis ein Rechteck, dessen Seiten sich wie $1:2$ verhalten.

15. Ein rechtwinkliges Dreieck hat eine Hypotenuse $c = 17$ cm. Seine Katheten verhalten sich wie $3:5$. Zeichne das Dreieck und berechne hernach die Katheten. (8,75, 14,58 cm.)

16. **Tabelle der Sehnen, Pfeilhöhen, Kreisabschnitte.** Man berechne mit Hilfe der Tabelle I zu einem Radius $r = 8$ cm und einem Zentriwinkel $\alpha = 50^0$ die Sehne s, die Bogenhöhe h und den Inhalt J des Kreisabschnitts. Es ist $s = 6,76$, $h = 0,75$ cm, $J = 3,412$ cm². Für $r = 72$ mm, $\alpha = 112^0$ wird $s = 119,4$ mm, $h = 31,7$ mm, $J = 26.63$ cm². Für $r = 15$ m, $\alpha = 28^0$ „ $s = 7,257$ m, $h = 0,446$ m, $J = 2,162$ m².

17. Interpolation. Die Tabelle I enthält die Werte der Sehnen, Bogenhöhen und Kreisabschnitte nur von Grad zu Grad. Soll nun z. B. die „Sehne" s_1, die zum Zentriwinkel $\alpha = 50^0\,24' = 50{,}4^0$ berechnet werden, so beachte man, daß mit wachsendem Winkel auch die Sehne zunimmt. Wächst der Winkel von 50^0 auf 51^0, so nimmt nach der Tabelle die Sehne um $0{,}8610 - 0{,}8452 = 0{,}0158$ zu. Somit hat die Sehne, die zum Winkel $50{,}4^0$ gehört, eine Länge von $0{,}8452 + 0{,}4 \cdot 0{,}0158 = 0.8452 + 0{,}0063 = \underline{0{,}8515}$. Zum bequemen Umrechnen der Minuten in Grade kann man sich der II. Tabelle bedienen.

Beispiele: Ist $\alpha = 12^0\,36'$ $46^0\,44'$ $100^0\,10'$ $152^0\,50'$,

so ist $\dfrac{s}{r} = 0{,}2194$ $0{,}7932$ $1{,}5340$ $1{,}9441$.

Ähnlich verfahrt man, wenn zu einem Sehnenwert, der nicht in der Tabelle enthalten ist, der Winkel bestimmt werden soll. Es sei wieder $s_1 = 0{,}8515$. Nach der Tabelle liegt der Winkel zwischen 50^0 und 51^0. Der Unterschied der Tabellenwerte beträgt $0{,}8610 - 0.8452 = 0{,}0158$, der Unterschied zwischen dem kleineren Tabellenwert und dem gegebenen Wert s_1 beträgt $0{,}8515 - 0{,}8452 = 0{,}0063$. Das ist das $\dfrac{63}{158} = 0{,}4$ fache von $0{,}0158$, somit ist der Winkel $\alpha = 50{,}4^0 = 50^0\,24'$.

Beispiele: Zu $\dfrac{s}{r} = 0{,}5624$ $1{,}2700$ $1{,}6302$ $1{,}9372$,

gehört $\alpha = 32^0\,40'$ $78^0\,50'$ $109^0\,12'$ $151^0\,12'$.

Diese Art der Zwischenwertberechnung nennt man Interpolation. Trägt man in einem Koordinatensystem den Winkel α auf der Abscissenachse auf und errichtet als Ordinaten die zugehörigen Bogenlängen, Sehnen, Kreisabschnitte, so erhält man die in der Fig. 145 dargestellten Kurven. Zu den Punkten A und B gehören die Winkel 50^0 und 60^0 und die Sehnen $0{,}8452$ und $1{,}0000$. Bestimmt man aus diesen Werten durch Interpolation die Sehnenlänge, die dem Winkel 55^0 entspricht, so erhält man $(0{,}8452 + 1{,}0000):2 = 0{,}9226$. Die Tabelle liefert aber den Wert $0{,}9235$. Woher kommt dieser Fehler? Bei der besprochenen Zwischenwertberechnung denkt man sich das Kurvenstück zwischen A und B ersetzt durch die Sehne, die die beiden Punkte miteinander verbindet. Errichtet man im Punkte 55^0 auf der Abscissenachse ein Lot, so trifft es die Sehne $A\,B$ im Abstande $0{,}9226$, die Kurve aber im Abstande $0{,}9235$. Will man nach der besprochenen Interpolationsmethode brauchbare Resultate erhalten, so müssen daher die Punkte A und B auf der Kurve so nahe beieinander gewählt werden, daß sich der Fehler, der aus der Interpolation resultiert, in der 4. Dezimalstelle noch nicht bemerkbar macht. Inter-

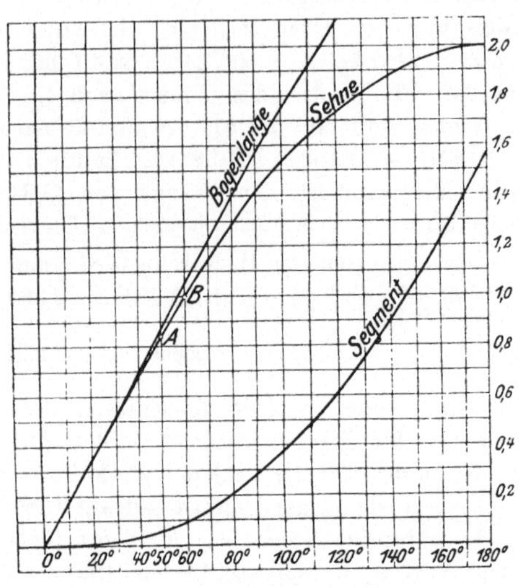

Fig. 145.

poliert man zwischen zwei aufeinander folgenden Tabellenwerten, so kann der berechnete Wert bei Sehnen und Bogenhöhen in der 4. Dezimalstelle höchstens um eine Einheit ungenau werden. Bei den Tabellen über die Kreisabschnitte dagegen, die 5 Dezimalstellen enthalten, macht sich der Fehler in der 5. Dezimalstelle stärker bemerkbar. Man soll daher den interpolierten Wert auf 4 Dezimalstellen auf- oder abrunden. Warum liefert die Interpolation bei den Bogenlängen immer richtige Resultate?

18. $r = 20$ cm, $s = 8$ cm. $\alpha = ?$ $\left(\dfrac{s}{r} = \dfrac{8}{20} = 0{,}4000, \text{ daher } \alpha = 23^0\,4' \right)$.

$r = 30$ cm, $\alpha = 55^0\,30'$. $s = ?$, $h = ?$ $J = ?$ (27,94, 3,45 cm; 65,05 cm²).

19. $s = 40$ cm; $h = 5$ cm. Inhalt des Segments $= ?$ Man berechnet r zu 42,5 cm; daher ist $\dfrac{s}{r} = \dfrac{40}{42{,}5} = 0{,}9412$; $\alpha = \sim 56^0\,10'$; daher $J = 135{,}1$ cm². Die Trigonometrie lehrt bessere Berechnungsmethoden. Man vergleiche die Werte:

$$\frac{2}{3}\,sh = 133; \quad \frac{2}{3}\,sh + \frac{h^3}{2\,s} = 134{,}9;$$

J nach der Trigonometrie $= 135{,}0$ cm².

20. Die Peripherie eines Kreises von 20 cm Radius soll in 25 gleiche Teile zerlegt werden. Welche Sehne muß man in den Zirkel nehmen? (5,014 cm.)

21. Konstruktion eines Winkels mit Hilfe der Sehnentafeln (Fig. 146). Es soll z. B. ein Winkel von 35⁰ konstruiert werden. Nach der Tabelle ist die entsprechende Sehne im Einheitskreis

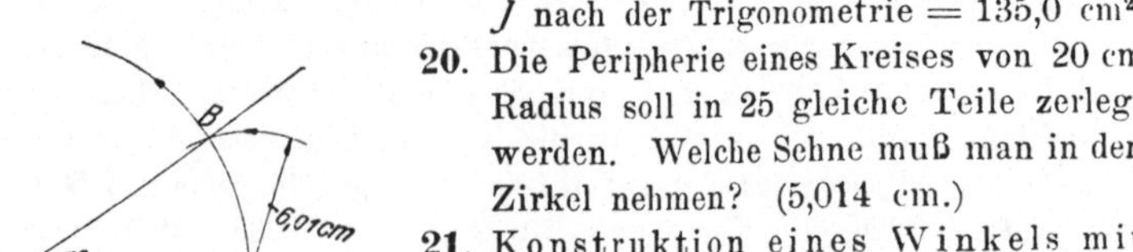

Fig. 146.

0,6014. In einem Kreise von 10 cm Radius ist die Sehne daher 6,014 cm. Die weiteren Erklärungen gibt die Figur. Zeichne die Winkel 20°; 48°; 84° 30'; 141° (Supplementwinkel!). Bestimme die Größe eines gezeichnet vorliegenden Winkels

22. Zeichne ein rechtwinkliges Dreieck $a = 12$; $b = 16$ cm und bestimme aus der Zeichnung seine Winkel. $\alpha = \sim 36°50'$; $\beta = \sim 53°10'$.

23. Bestimme mit Hilfe der Sehnentabelle und der Tabelle über Kreisabschnitte die Seite und den Inhalt eines regelmäßigen n-Ecks, das einem Kreise mit dem Radius r einbeschrieben werden kann:

$$n = 5 \qquad s = 1,1756\,r \qquad J = 2,3776\,r^2,$$
$$n = 8 \qquad s = 0,7654\,r \qquad J = 2,8284\,r^2,$$
$$n = 9 \qquad s = 0,6840\,r \qquad J = 2,8925\,r^2,$$
$$n = 10 \qquad s = 0,6180\,r \qquad J = 2,9389\,r^2,$$
$$n = 12 \qquad s = 0,5176\,r \qquad J = 3,0000\,r^2.$$

§ 17. Die Ähnlichkeit und der Kreis.

1. Aus den drei Seiten eines Dreiecks den **Radius des Umkreises** zu berechnen. In Fig. 147 ist $2R$ der Durchmesser des

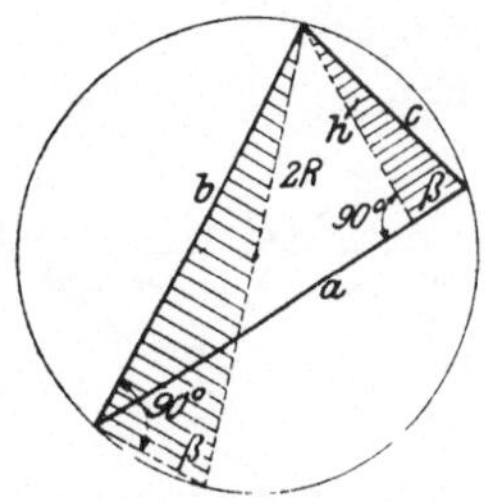

Fig. 147.

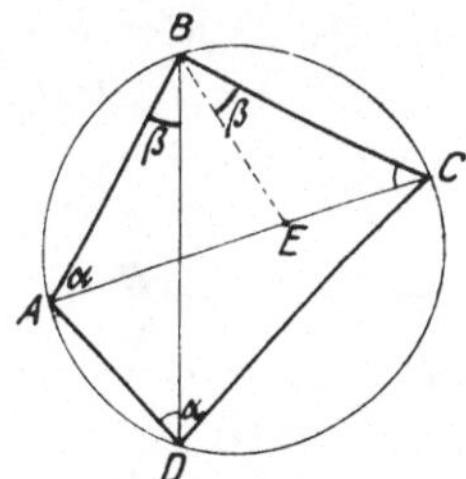

Fig. 148.

Umkreises. Die schraffierten Dreiecke sind ähnlich! Daraus folgt:

$$h : c = b : 2R \quad \text{oder} \quad h = \frac{bc}{2R},$$

der Inhalt J des Dreiecks ist:

$$J = \frac{a}{2} \cdot h = \frac{a}{2} \cdot \frac{bc}{2R} = \frac{abc}{4R},$$

somit ist:

$$R = \frac{abc}{4J} \qquad \text{(Dimension!)}$$

Siehe § 9, Aufgabe 39; § 7, Aufgabe 17.

Für $a = b = c$ wird $R = \frac{a}{2}\sqrt{3} = \frac{2}{3}$ der Höhe des **gleichseitigen** Dreiecks.

Ist $a = 6,5$, $b = 7$, $c = 7,5$ cm, dann ist $R = 4,06$ cm.
„ $a = 51$, $b = 52$, $c = 53$ mm, „ „ $R = \sim 30$ mm.

2. Satz des Ptolemäus über das Kreisviereck. Wir machen in Fig. 148 $\sphericalangle EBC = \sphericalangle ABD = \beta$, dann sind die Dreiecke ABD und EBC ähnlich, warum? Daraus folgt:

$$\frac{EC}{BC} = \frac{AD}{BD} \quad \text{oder} \quad EC = BC \cdot \frac{AD}{BD}. \tag{1}$$

Auch die Dreiecke AEB und BCD sind ähnlich. Daher gilt:

$$\frac{AE}{AB} = \frac{CD}{BD} \quad \text{oder} \quad AE = AB \cdot \frac{CD}{BD}. \tag{2}$$

Durch Addition von (1) und (2) folgt:

$$AE + EC = AC = \frac{BC \cdot AD + AB \cdot CD}{BD}$$

und hieraus durch Multiplikation mit BD:

$$AC \cdot BD = BC \cdot AD + AB \cdot DC, \tag{3}$$

d. h.: **In jedem Sehnenviereck ist das Produkt beider Diagonalen gleich der Summe der Produkte je zweier Gegenseiten.**

Was wird aus (3) für ein Rechteck? Quadrat? gleichschenkliges Trapez?

3. Sehnensatz (Fig. 149). Die Dreiecke APC und BPD sind ähnlich! Warum? Daraus folgt $PA : PC = PD : PB$ oder

$$PA \cdot PB = PC \cdot PD.$$

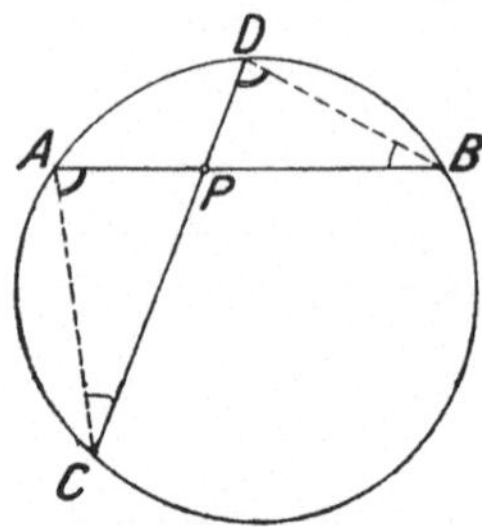

Fig. 149.

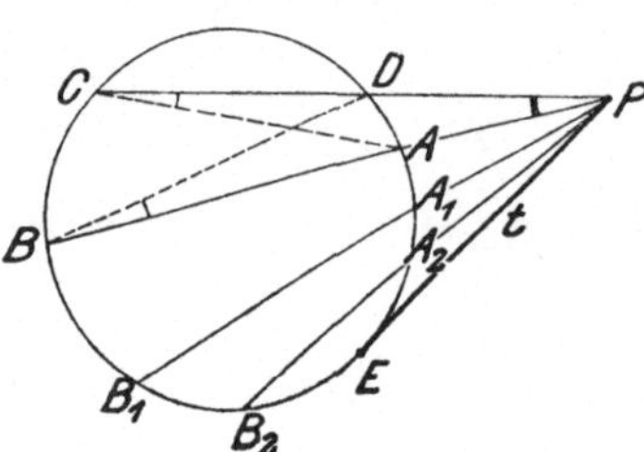

Fig. 150.

Hält man AB fest und zieht durch P eine dritte Sehne $C_1 D_1$, dann wird auch $PC_1 \cdot PD_1 = PA \cdot PB$ usf.

Zieht man durch einen beliebigen Punkt im Innern eines Kreises mehrere Sehnen, so hat für jede Sehne das Produkt der Abschnitte den gleichen Wert.

Ist a der Abstand des Punktes P vom Mittelpunkt des Kreises, r der Radius, dann ist der Wert des Produkts: $r^2 - a^2$! Prüfe den Satz an einem gezeichneten Kreis. Man wähle AB als Durchmesser und $CD \perp AB$; man erhält Satz 4 über das rechtwinklige Dreieck.

4. Der Sekantensatz (Tangentensatz) Fig. 150. PC und PB sind zwei beliebige Sekanten. Die Dreiecke PAC und PBD sind ähnlich! Daraus folgt $PA:PC = PD:PB$ oder:

$$PA \cdot PB = PC \cdot PD,$$

d. h.: Zieht man durch einen beliebigen Punkt außerhalb eines Kreises mehrere Sekanten, so hat für jede Sekante das Produkt der Abschnitte (von P aus gemessen) den gleichen Wert. $(a^2 - r^2.)$

Dreht man die Sekante PB um P in die Stellungen PB_1, PB_2 bis schließlich nach PE, dann ist $PA \cdot PB = PA_1 \cdot PB_1 = PA_2 \cdot PB_2 = (PE)^2 = t^2$ oder:

$$t = \sqrt{PA \cdot PB}. \qquad (1)$$

Die Tangente ist das geometrische Mittel der vom gleichen Punkt P aus gemessenen Sekantenabschnitte. Mit Hilfe von (1) kann man das geometrische Mittel zu zwei Strecken a und b auf eine dritte Art konstruieren. Ist etwa $a > b$, dann trage man auf einer Geraden a und b vom gleichen Punkte P aus in der gleichen Richtung ab; zeichne irgend einen Kreis, der durch die Endpunkte der Strecke $a - b$ geht. Die Tangenten an den Kreis von P aus haben die Längen $\sqrt{ab}$.

Aufgabe: Man zeichne einen Kreis, der eine Gerade g berührt und durch zwei Punkte A und B geht.

Anleitung: Verlängere die Strecke AB bis zum Schnitt P mit g; $t = \sqrt{PA \cdot PB}$. Es gibt im allgemeinen zwei Kreise.

---

5. Stetige Teilung einer Strecke.[1]) Eine Strecke heißt stetig geteilt, wenn sich der kleinere Abschnitt zum größern verhält wie der größere zur ganzen Strecke.

Ist a die ganze Strecke, x der größere Abschnitt, also $a - x$ der kleinere, so gilt die Proportion:

$$(a - x) : x = x : a. \qquad (1)$$

Berechnung des größeren Abschnitts. Aus (1) folgt $x^2 = a(a - x) = a^2 - ax$ oder:

$$x^2 + ax = a^2.$$

Fügt man auf beiden Seiten $\dfrac{a^2}{4}$ hinzu, so erhält man:

$$x^2 + ax + \frac{a^2}{4} = a^2 + \frac{a^2}{4}$$

oder: $$\left(x + \frac{a}{2}\right)^2 = \frac{5a^2}{4},$$

---

[1]) Statt „stetiger Teilung" sagt man auch „Teilung nach dem goldenen Schnitt".

somit:
$$x + \frac{a}{2} = \frac{a}{2}\sqrt{5}$$

oder:
$$x = \frac{a}{2}(\sqrt{5}-1) \doteq 0{,}618\,a. \qquad (2)$$

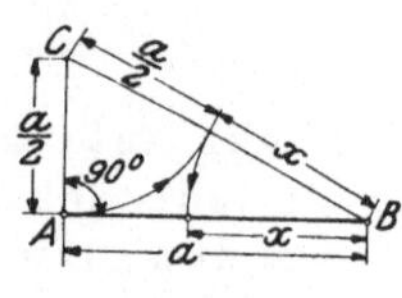

Fig. 151.

Die Konstruktion des größeren Abschnitts ist in Fig. 151 enthalten. Man beweise, daß sich aus der Konstruktion für x der Wert (2) ergibt. — Die stetige Teilung kann verwendet werden bei der

6. Konstruktion eines regelmäßigen Zehn- und Fünfecks. Jedes regelmäßige Zehneck läßt sich in 10 kongruente gleichschenklige Dreiecke mit den Winkeln 36°, 72°, 72° zerlegen (Fig. 152) Die Halbierungslinie eines Basiswinkels zerlegt ein solches Dreieck in zwei gleichschenklige Dreiecke, von denen das an der Basis s liegende dem ganzen Dreieck ähnlich ist.

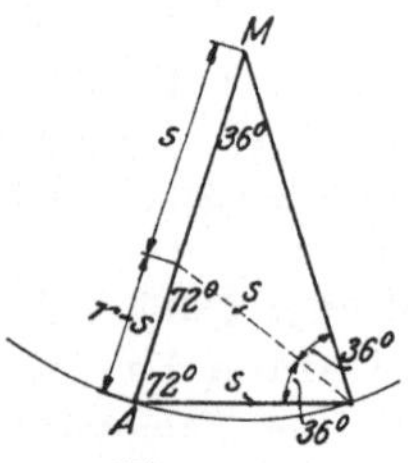

Fig. 152.

Aus der Ähnlichkeit dieser Dreiecke folgt:
$$(r-s):s = s:r.$$

Nun ist $MA = r$ und diese Proportion sagt aus, daß r stetig geteilt, daß also die Zehneckseite s der größere Abschnitt des stetig geteilten Radius ist. Daraus folgt nach Abschnitt 5, daß

$$s_{10} = \frac{r}{2}(\sqrt{5}-1)$$

ist, sowie die in Fig. 153 (oben rechts) ausgeführte Konstruktion der Zehneckseite. Vergl. hiermit Fig. 151. Damit ist auch eine Konstruktion eines regelmäßigen Fünfecks gewonnen. Fig. 153 zeigt

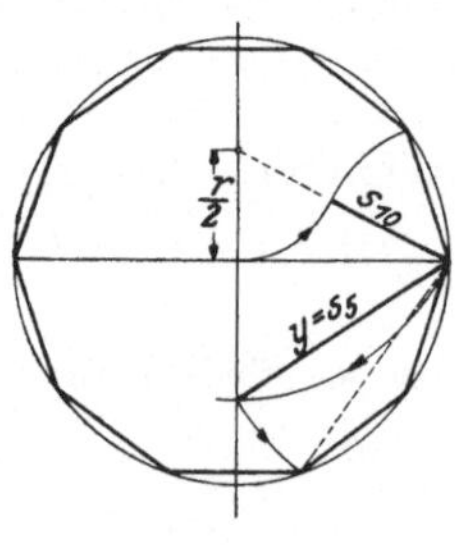

Fig. 153.

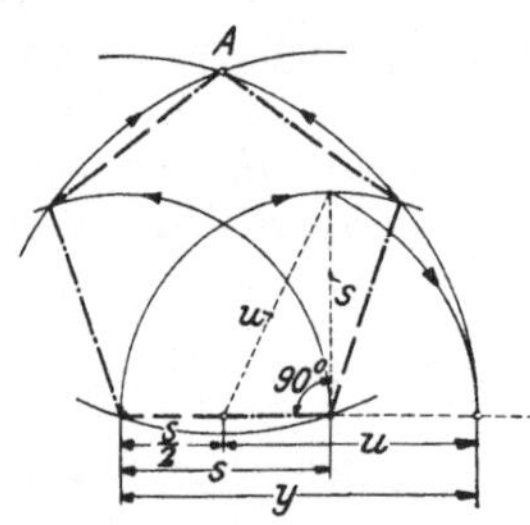

Fig. 154.

(rechts unten), wie man die Fünfeckseite s_5 auch unmittelbar konstruieren könnte. Wir verzichten auf die Begründung der Konstruktion.

Ist nicht der Kreis, sondern die Fünfeckseite gegeben, so läßt sich das Fünfeck auch auf einfache Weise konstruieren. Zieht man in einem Fünfeck zwei von einer Ecke ausgehende Diagonalen, so entsteht ein gleichschenkliges Dreieck mit den Winkeln 36°, 72°, 72°. Die Diagonalen d sind die Schenkel und die Fünfeckseite s ist die Grundlinie. Daher ist

$$s_5 = \frac{d}{2}\,(\sqrt{5}-1).$$

Löst man diese Gleichung nach d auf, so erhält man:

$$d = \frac{s}{2}\,(\sqrt{5}+1). \tag{1}$$

Dieser Ausdruck läßt sich leicht konstruieren (Fig. 154). Aus der Figur folgt:

$$u = \sqrt{s^2 + \left(\frac{s}{2}\right)^2} = \sqrt{\frac{5\,s^2}{4}} = \frac{s}{2}\sqrt{5},$$

somit ist

$$y = u + \frac{s}{2} = \frac{s}{2}\sqrt{5} + \frac{s}{2} = \frac{s}{2}\,(\sqrt{5}+1).$$

Das ist aber der Ausdruck (1), d. h. y ist die Länge einer Diagonale des Fünfecks mit der Seite s. Die weitere Konstruktion lehrt die Figur. — Schlägt man um A einen Kreis, der durch die Endpunkte von s geht, so kann man auf diesem Kreise s **zehnmal** abtragen, wie man leicht einsehen wird.

7. Es gibt einige gute **Näherungskonstruktionen für beliebige regelmäßige Vielecke.** Die in Fig. 155 gegebene Konstruktion stammt von Herzog Karl Bernhard zu Sachsen-Weimar-Eisenach. Man teilt den Durchmesser AB in n gleiche Teile, macht

$$CD = AE = \frac{1}{n}\,AB,$$ zieht ED und verbindet G mit dem dritten Teilpunkt auf AB. $G3$ ist mit sehr großer Annäherung die Seite s_n des regelmäßigen n-Ecks. Zeichne hiernach ein regelmäßiges 7-Eck. s_7 ist übrigens in

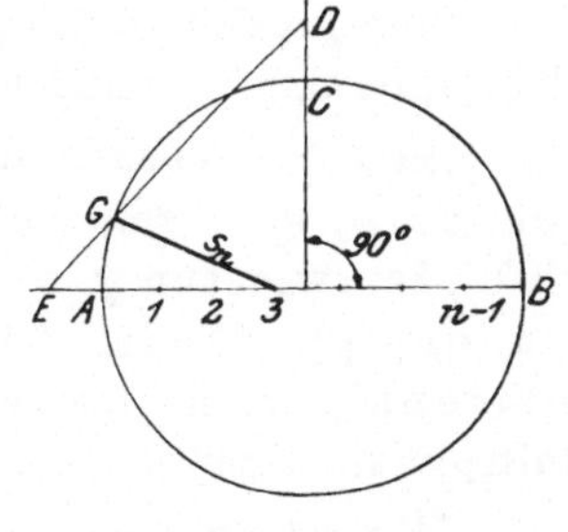

Fig. 155.

großer Annäherung auch gleich $\frac{1}{2}\,s_3$, was schon dem deutschen Maler Dürrer bekannt war.

> „Das Auswendiglernen ist in der Mathematik durchaus vom Übel. Man soll sich die Sätze dadurch merken, daß man sie nach allen Richtungen durchdacht und wiederholt angewendet hat"
>
> G. Scheffers.

§ 18. Affine Figuren.

Wir machen in diesem Paragraphen auf eine geometrische Verwandtschaft gewisser Figuren aufmerksam, wie sie dem Lernenden in der darstellenden Geometrie, in der graphischen Statik oft begegnen wird. — In Fig. 156 werden drei durch den gleichen Punkt G gehende Gerade s, g, g_1 von mehreren Parallelen geschnitten. Aus der Ähnlichkeit gewisser Dreiecke folgt

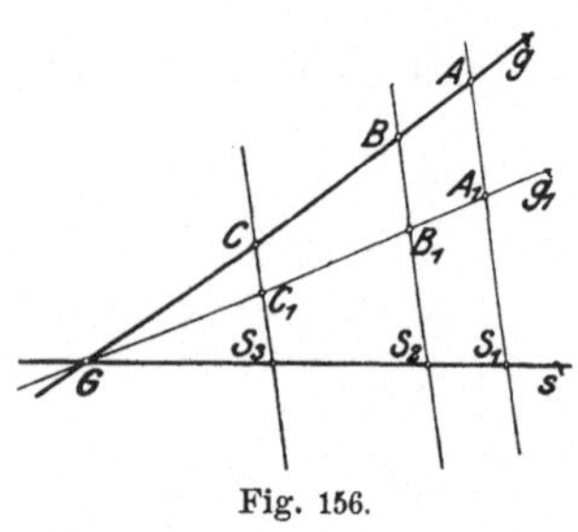

Fig. 156.

$$\frac{A_1 S_1}{G S_1} = \frac{B_1 S_2}{G S_2} = \frac{C_1 S_3}{G S_3}$$

und

$$\frac{A S_1}{G S_1} = \frac{B S_2}{G S_2} = \frac{C S_3}{G S_3}.$$

Durch Division dieser Gleichungen erhält man

$$\frac{A_1 S_1}{A S_1} = \frac{B_1 S_2}{B S_2} = \frac{C_1 S_3}{C S_3} = n$$

oder $A_1 S_1 = n \cdot A S_1$; $B_1 S_2 = n \cdot B S_2$; $C_1 S_3 = n \cdot C S_3$, wobei n den gemeinsamen Wert der drei Brüche vorstellt. (In der Figur ist $A_1 S_1 = 12$; $A S_1 = 20$ mm; somit ist $n = 0,6$.) Diese Gleichungen gelten auch dann, wenn g_1 die Parallelen oberhalb g oder unterhalb s schneidet.

Satz 1. Werden drei durch einen Punkt G gehende Gerade g, g_1, s von mehreren Parallelen geschnitten, so sind die zwischen g_1 und s liegenden Parallelenabschnitte den entsprechenden Abschnitten zwischen g und s proportional, d. h. die einen können aus den andern durch Multiplikation mit einem konstanten Faktor n berechnet werden.

Wir können diesen Satz offenbar auch umkehren.

Satz 2. Verkürzt (oder verlängert) man alle zwischen g und s liegenden Parallelenabschnitte von s aus im gleichen Verhältnis, so liegen die Endpunkte der verkürzten (oder verlängerten) Strecken in einer dritten Geraden g_1, die durch den Schnittpunkt G von g und s geht.

In diesem Satze haben wir ein bestimmtes Verfahren, nach dem man aus einer Geraden g eine neue Gerade g_1 herstellen kann. Dieses Verfahren wollen wir nun weiter entwickeln zur **Herstellung neuer Figuren aus bereits gegebenen.** Dabei können wir mit oder ohne Zuhilfenahme der Rechnung vorgehen.

a) **Rechnerisches Verfahren.** In Fig. 157 sind ein Dreieck ABC und eine (horizontale) Gerade s gegeben. Wir ziehen durch die Ecken ABC parallele Gerade und wählen auf AS_1 den Punkt A_1 beliebig. Es sei $A_1 S_1 : A S_1 = n$. Auf den Parallelen durch C und B wollen wir nun die Punkte C_1 und B_1 so bestimmen, daß auch $C_1 S_3 = n \cdot C S_3$ und $B_1 S_2 = n \cdot B S_2$ ist. Durch Messen an der Zeichnung finden wir $A_1 S_1 = 11{,}2$; $A S_1 = 25{,}4$ mm; demnach ist $n = 11{,}2 : 25{,}4 = 0{,}44$. Wir berechnen nun $B_1 S_2 = 0{,}44 \cdot B S_2$; und $C_1 S_3 = 0{,}44 \cdot C S_3$ und finden so die Punkte B_1 und C_1. Dem Dreieck ABC ist jetzt ein neues Dreieck $A_1 B_1 C_1$ zugeordnet.

b) **Rein zeichnerisches Verfahren.** Nach Satz 1 können die Punkte B_1 und C_1 auf folgende einfache Weise bestimmt werden. Wir verlängern AC bis II auf s, ziehen $A_1 II$, dadurch erhalten wir C_1. Wir verlängern AB bis III auf s, ziehen $A_1 III$ und erhalten B_1. Da nun $B_1 S_2 : B S_2 = C_1 S_3 : C S_3 = n$ ist, schneiden sich nach Satz 2 auch die verlängerten Geraden BC und $B_1 C_1$ in einem Punkte I auf s. B_1 hätte daher, nachdem C_1 konstruiert war, auch so bestimmt werden können: Wir verlängern BC bis I auf s, ziehen $I C_1$ und erhalten B_1. Eine beliebige Gerade g parallel zu AS_1 schneidet die Seite AC in D und die Seite $A_1 C_1$ in dem entsprechenden Punkt D_1.

Wir sehen uns die Verwandtschaft dieser beiden Dreiecke noch etwas genauer an. Jedem Punkt des einen Dreiecks ist ein ganz bestimmter Punkt des andern zugeordnet. (A und A_1; B und B_1; D und D_1.) Jeder geraden Linie entspricht wieder eine gerade Linie. (AB und $A_1 B_1$; BC und $B_1 C_1$ usw.) Bemerkenswert vor allem ist:

α) **Die Verbindungslinien entsprechender Punkte sind parallel.** ($A A_1 \parallel B B_1 \parallel C C_1$.)

β) **Entsprechende Linien treffen sich (genügend verlängert) auf der gleichen Geraden** s. (AB und $A_1 B_1$ in III;
BC und $B_1 C_1$ in I usw.)

Man nennt allgemein Figuren, die diese Eigenschaften besitzen,
affine Figuren in affiner Lage. Die Gerade s heißt die **Affinitätsachse**, die Richtung der Geraden $A A_1$, $B B_1$ ... bestimmt die
Affinitätsrichtung. A und A_1, B und B_1 usw. heißen affine

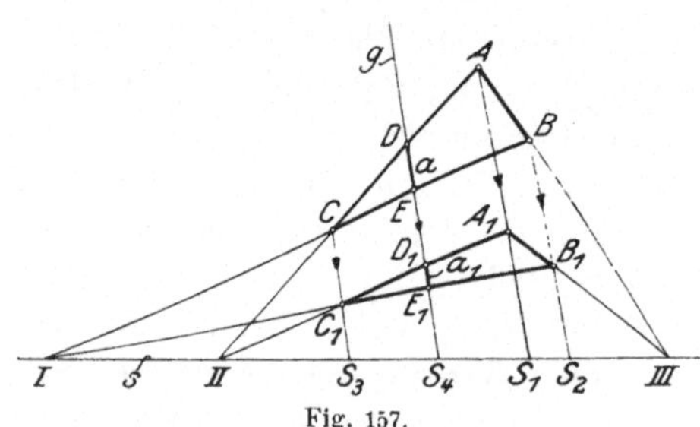

Fig. 157.

Punkte; AB und
$A_1 B_1$ sind affine Ge-
rade. Die Geraden
$A S_1$, $B S_2$ usw. werden auch **Affinitäts-
strahlen** genannt.
Je nachdem die Affini-
tätsrichtung zur Affini-
tätsachse senkrecht
oder schief steht,
spricht man von **othogonaler** (rechtwinkliger) oder **schiefer
Affinität**. Die beiden Dreiecke in Fig. 157 liegen auf der gleichen
Seite der Affinitätsachse s; das ist unwesentlich, s kann auch zwischen
den Figuren liegen oder auch beide Figuren schneiden.

Das zeichnerische Verfahren möge noch an einigen **Beispielen**
erläutert werden. Eine Figur ist immer als gegeben zu betrachten,

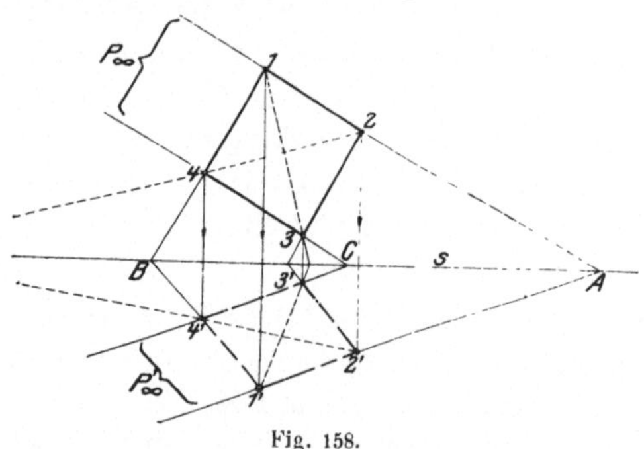

Fig. 158.

ebenso ist s bekannt;
von der gesuchten
Figur (strichpunktiert)
kennt man einen Punkt.

Das Quadrat $1\,2$
$3\,4$ in Fig. 158 ist
gegeben. $1'$ sei der
beliebig gewählte
Punkt der affinen
Figur, der dem Punkt
1 entsprechen möge.
Die Gerade $1\,1'$ be-
stimmt nun die Affinitätsrichtung. Die zu bestimmenden Punkte
$2'\,3'\,4'$ liegen nach α auf den Geraden, die man durch $2\,3\,4$ parallel
zu $1\,1'$ ziehen kann. Die genaue Lage der Punkte ergibt sich aus β.
Wir verlängern $1\,2$ bis A; ziehen $1'\,A$ und erhalten $2'$. Wir ver-

längern *1 4* bis *B*, ziehen *1' B* und erhalten *4'*. *4 3* schneidet *s*
in *C*; *C 4'* liefert *3'*. — *1' 2' 3' 4'* ist die gesuchte affine Figur zu
dem Quadrat *1 2 3 4*. Zur Probe müssen sich auch die Linien *2 3*
und *2' 3'*, sowie die Diagonalen *2 4* und *2' 4'*, *1 3* und *1' 3'* auf *s*
treffen.

Den parallelen Strecken *1 2* und *3 4* entsprechen die parallelen
Strecken *1' 2'* und *3' 4'*. Offenbar gilt ganz allgemein der

Satz 3. Parallelen Geraden einer Figur entsprechen
in einer dazu affinen Figur wieder parallele Gerade.

Dem Quadrat entspricht also in unserer Figur ein Parallelo-
gramm. Es ist bemerkenswert, daß sich sowohl die Länge der
Strecken als auch die Winkel geändert haben. So halbieren die
Diagonalen des Quadrats die Winkel des Quadrats, während die
Diagonalen des Parallelogramms die Winkel nicht mehr halbieren.
Den rechten Winkeln entsprechen spitze oder stumpfe Winkel.

Die Fig. 159 und 160 ent-
halten zwei weitere ausgeführte Bei-

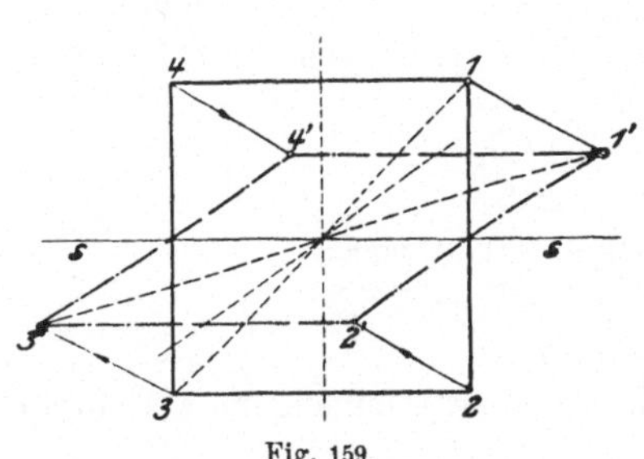

Fig. 159.

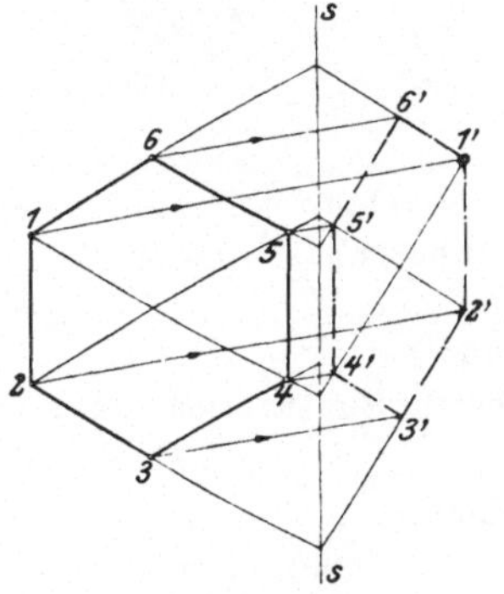

Fig. 160.

Beispiele. Die gesuchte Figur ist strichpunktiert und der beliebig
gewählte Punkt ist in beiden Figuren *1'*. Bei der Konstruktion
kann natürlich bereits Satz 3 verwendet werden. In Fig. 159
müssen sich die Linien *1 2* und *1' 2'* nach *β* auf *s* treffen. Die
Punkte auf *s* gehören zu beiden Figuren.

Satz 4. Die Schnittpunkte einer Figur mit der
Affinitätsachse entsprechen sich selbst.

Einer Geraden, die zur Affinitätsachse parallel ist, entspricht
immer wieder eine Parallelle zur Achse. (Siehe *1 4* und *1' 4'*, *2 3*
und *2' 3'* in Fig. 159.)

Aus Fig. 161 entnehmen wir den

Satz 5. Gleichen Strecken auf einer Geraden oder auf parallelen Geraden entsprechen in affinen Figuren wieder unter sich gleiche Abschnitte auf den affinen Geraden.

Nach diesem Satze entspricht einer regelmäßigen Teilung einer Strecke wieder eine regelmäßige Teilung auf der affinen Strecke, insbesondere gehen Halbierungen von Strecken auch in die affinen Figuren über.

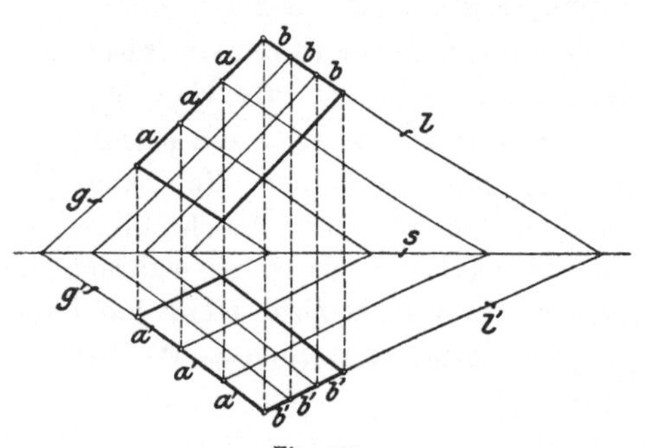

Fig. 161.

Wir wollen an Hand der Fig. 157 noch auf zwei rechnerische Beziehungen affiner Figuren aufmerksam machen.

Den Wert $A_1 S_1 : A S_1 = n$ nennen wir das Affinitätsverhältnis. Es ist

$$D_1 S_4 = n \cdot D S_4$$

und

$$E_1 S_4 = n \cdot E S_4.$$

Durch Subtraktion dieser Gleichungen erhält man

$$D_1 S_4 - E_1 S_4 = n (D S_4 - E S_4)$$

oder

$$a_1 = n \cdot a.$$

a und a_1 sind entsprechende Abschnitte auf einem beliebigen Affinitätsstrahl g.

Satz 6. Irgend zwei entsprechende, auf einem beliebigen Affinitätsstrahl liegende Abschnitte in den beiden Figuren stehen im gleichen Verhältnis, dem Affinitätsverhältnis. — Die Abschnitte in der zweiten Figur gehen also aus den entsprechenden der ersten durch Multiplikation mit n hervor.

Liegen die entsprechenden Punkte wie in Fig. 158 auf verschiedenen Seiten der Affinitätsachse, haben also die Strecken $A_1 S_1$ und $A S_1$ entgegengesetzte Richtungen, dann tragen wir diesem Umstande dadurch Rechnung, daß wir dem Werte n ein negatives Vorzeichen geben.

Mit Hilfe des Satzes 6 kann man leicht das Verhältnis der Inhalte affiner Figuren bestimmen. Wir bedürfen dazu noch eines Hilfssatzes, der in der Geometrie unter dem Namen „Das Prinzip von Cavalieri‘ bekannt ist.

Die Figuren A und B (Fig. 162) mögen sich aus gleich vielen Rechtecken zusammensetzen, und zwar sei in beiden, im gleichen Abstand von der untern Linie a, ein gleich großes Rechteck vorhanden. Es ist dann ohne weiteres einleuchtend, daß die beiden Figuren A und B den gleichen Inhalt haben. Über die Zahl der Rechtecke und deren Höhe haben wir dabei keine Voraussetzung gemacht. Bestehen nun A und B z. B. je aus 10 000 Rechtecken von nur 0,01 mm Höhe und sind immer in gleichen Abständen von a

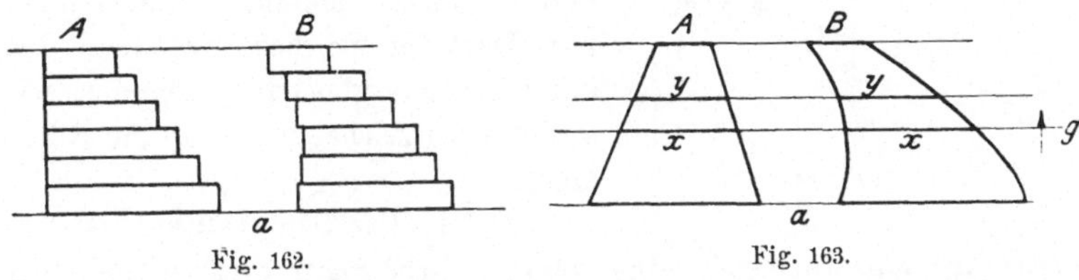

Fig. 162.
Fig. 163.

gleiche Rechtecke vorhanden, dann ist der Inhalt von A gleich dem Inhalte von B. Schließlich mögen sich die Rechtecke auf bloße Strecken reduzieren wie in Fig. 163. Man erkennt auf diese Weise die Richtigkeit des Satzes: **Kann man eine Gerade g so über zwei Figuren A und B parallel verschieben, daß in jeder Lage die beiden in den Figuren liegenden Abschnitte der Geraden gleich lang sind, so sind die Figuren inhaltsgleich.** (Satz von Cavalieri.) Das ist z. B. für die beiden Figuren in Fig. 163 der Fall.

Wären nun die Abschnitte in der einen Figur immer das n-fache der entsprechenden Abschnitte in der andern, so wäre der Flächeninhalt der einen offenbar auch das n-fache vom Inhalt der andern. Das trifft nun nach Satz 6 gerade bei affinen Figuren zu. Bezeichnen J und J_1 die Inhalte affiner Figuren und ist n das Affinitätsverhältnis, das von der ersten zur zweiten überführt, so ist

$$J_1 = n \cdot J.$$

Satz 7. Konstruiert man zu einer beliebigen Figur eine affine, so findet man den Inhalt der zweiten, indem man den Inhalt der ersten mit dem Affinitätsverhältnis n multipliziert.

Einige Zusätze: 1. Zwei achsensymmetrische Figuren (siehe § 1, Fig. 12) sind auch affine Figuren. n ist gleich -1. Die Affinitätsachse ist die Symmetrieachse.

2. Auch in Fig. 164 ist $n = -1$. Die Verbindungsstrecken entsprechender Punkte werden durch s halbiert, aber sie stehen zu s nicht senkrecht. Man nennt solche Figuren schief-symmetrisch. Die beiden Parallelogramme der Figur sind nach Satz 7 inhaltsgleich; dagegen sind sie nicht kongruent, sie können durch Umklappen um s nicht zur Deckung gebracht werden. Bei der Inhaltsvergleichung nehmen wir auf das Vorzeichen von n keine Rücksicht.

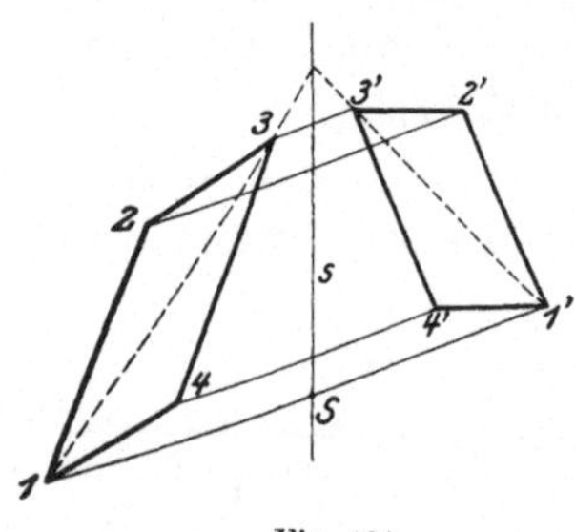

Fig. 164.

Jedes Parallelogramm ist in bezug auf eine Diagonale eine symmetrische Figur (orthogonal oder schief). Die Verbindungslinien symmetrischer Punkte haben die Richtung der andern Diagonale.

3. Konstruiert man zu einer Figur eine ähnliche, so wird die Figur gleichsam nach zwei verschiedenen Richtungen im gleichen Maße gestreckt oder verkürzt. Und es ist $J_1 = n^2 J$. Bei affinen Figuren erfolgt die Streckung oder Verkürzung nur nach einer Richtung und es ist $J_1 = n \cdot J$. Die affinen Figuren nehmen also in dieser Hinsicht eine Mittelstellung zwischen kongruenten und ähnlichen Figuren ein.

4. Verschiebt man die eine von zwei affinen Figuren, die sich in affiner Lage befinden, so wird die „affine Lage" aufgehoben. Die Eigenschaften α und β sind nicht mehr vorhanden. Die Figuren werden aber immer noch affine Figuren genannt, für die die Sätze 3 und 5 unverändert weiter gelten.

Wir wollen noch kurz erklären, wie affine Figuren auf experimentellem Wege hergestellt werden können (Fig. 165). Man denke sich auf einer Glasplatte A, die mit der Kante s auf einem Tische B ruht, ein Fünfeck $1\,2\,3\,4\,5$ gezeichnet. Das von oben kommende Sonnenlicht entwirft von dem Fünfeck ein Schattenbild $1'\,2'\,3'\,4'\,5'$ auf dem Tische B. Man nennt das Schattenbild auch etwa die Parallelprojektion des

Fünfecks *1—5*. Die Strahlen *1 1'*, *2 2'*, *3 3'* ... bestimmen die **Projektions-richtung**. — Man wird sich nun leicht überzeugen können, daß die beiden gezeichneten Fünfecke affine Figuren sind. Die Schnittlinie *s* der beiden Ebenen *A* und *B* ist die Affinitätsachse, die Projektions-richtung *1 1'*, *2 2'* ... ist die Affinitätsrichtung. Denkt man sich z. B. die Diagonale *5 3* bis *C* auf *s* verlängert, so wird offenbar der Schatten davon auch von *C* aus durch *3' 5'* gehen müssen. Entsprechende Linien treffen sich auf *s* Auch die **räumlichen** Fünfecke nennt man affine Figuren. Sie liegen aber in verschiedenen Ebenen.

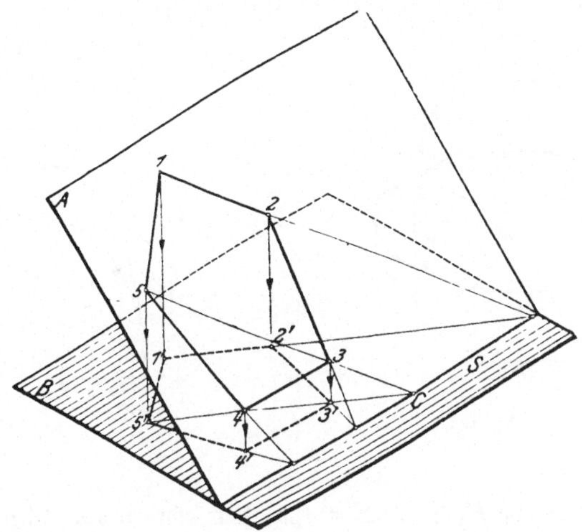

Fig 165.

Die Fig. 165 ließe sich noch anders deuten. Wir können *1' 2' 3' 4' 5'* als die **Grundfläche eines Prismas** auffassen. *1 1'*, *2 2'* ... sind seine Seitenkanten, die Deckfläche *1—5* liegt in der Ebene *A*. Die Ver-längerungen entsprechender Kanten der Grund- und Deckfläche müssen sich auf der Schnittlinie *s* der beiden Ebenen *A* und *B* treffen.

Man wird manche Figuren der folgenden Paragraphen leichter ver-stehen können, wenn man sich die eine der beiden affinen Figuren auf einer Glasplatte gezeichnet denkt und die andere als die Projektion auf eine Ebene auffaßt.

§ 19. Die Ellipse.

1. Mittelpunkt, Durchmesser, Achsen, Scheitel einer Ellipse. Wir stellen uns die Aufgabe, zu dem in Figur 166 ge-zeichneten Kreise eine affine Figur zu konstruieren. Wir wählen den horizontalen Durchmesser AB als Affinitätsachse s und CD als Affinitätsrichtung. Der Punkt C_1 möge der entsprechende zu dem Kreispunkt C sein. Um zu einem beliebigen andern Kreispunkt P den affinen Punkt P_1 zu finden, verlängern wir CP bis R auf s, ziehen C_1R und erhalten im Schnittpunkt mit PS den Punkt P_1. Wenn man diese Konstruktion für verschiedene Punkte ausführt und die Punkte durch eine Kurve verbindet, so erhält man eine Ellipse. **Eine Ellipse ist also eine affine Figur eines Kreises.** Zwei entsprechende Punkte des Kreises und der Ellipse liegen in einem Lote zur Affinitätsachse s.

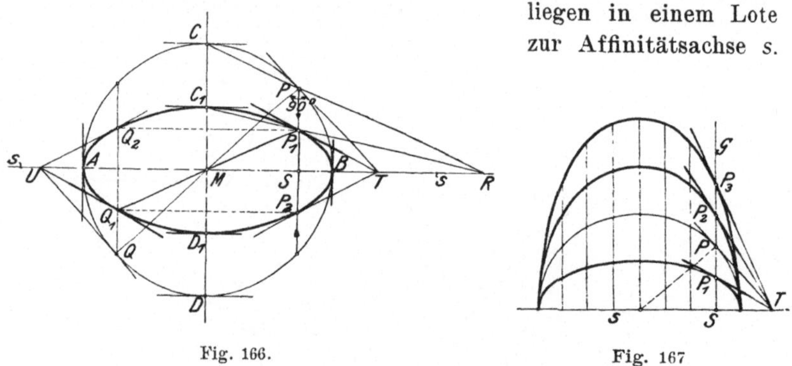

Fig. 166.   Fig. 167

In Fig. 166 ist $P_1S : PS = 0{,}5$. Wir können beliebige Ellipsenpunkte P_1 demgemäß auch finden, indem wir $P_1S = 0{,}5 \cdot PS$ machen. In Fig. 167 sind mehrere halbe Ellipsen aus dem gleichen Halbkreis abgeleitet; es ist $P_1S = 0{,}5 \cdot PS$; $P_2S = 1{,}5 \cdot PS$; $P_3S = 2 \cdot PS$.

Aus den Eigenschaften des Kreises ergeben sich auf Grund von § 18 Eigenschaften der Ellipse.

Jedem durch M (Fig. 166) gehenden Kreisdurchmesser (PQ) entspricht eine durch M gehende Sehne (P_1Q_1) der Ellipse und es ist $P_1M = MQ_1$. M heißt **Mittelpunkt** der Ellipse, jede durch M gehende Sehne heißt **Durchmesser**. **Die Ellipse ist, wie der Kreis, in bezug auf den Punkt M zentrisch symmetrisch.**

Jeder Kreistangente entspricht eine bestimmte Ellipsentangente. **Entsprechende Tangenten treffen sich auf der Affinitätsachse.** $(PT$ und $P_1T.)$ Die Kreistangenten PT und QU sind parallel, daraus folgt: **Die Tangenten in den Endpunkten eines Ellipsendurchmessers sind parallel zueinander.**

AB ist der größte Durchmesser; AB heißt die **große Achse** der Ellipse; sie ist gleich dem Durchmesser des umbeschriebenen Kreises. Ist a der Radius dieses Kreises, so hat AB die Länge $2a$. $MA = MB = a =$ große Halbachse.

$C_1 D_1$ ist der kleinste Durchmesser; man bezeichnet ihn mit $2b$. $C_1 D_1$ heißt die **kleine Achse**. $MC_1 = MD_1 = b =$ kleine Halbachse. Die beiden Achsen der Ellipse stehen aufeinander senkrecht; sie entsprechen den aufeinander senkrecht stehenden Durchmessern AB und CD des Kreises.

Die Punkte $ABC_1 D_1$ heißen die **Scheitel** der Ellipse. Die Ellipse ist, wie man leicht erkennt, in bezug auf die Achsen orthogonal symmetrisch. Aus einem beliebigen Punkte P_1 ergeben sich durch Spiegelung an den Achsen drei weitere Punkte $P_2 Q_1 Q_2$. Auch die Tangenten in diesen vier Punkten liegen zu den Achsen symmetrisch, je zwei schneiden sich auf den verlängerten Achsen.

2. Konstruktion der Ellipse mit Hilfe des ein- und umbeschriebenen Kreises. Sind die Achsen einer Ellipse gegeben, so läßt sie sich mit Hilfe der um den Mittelpunkt geschlagenen Kreise mit den Radien a und b sehr einfach konstruieren. Siehe

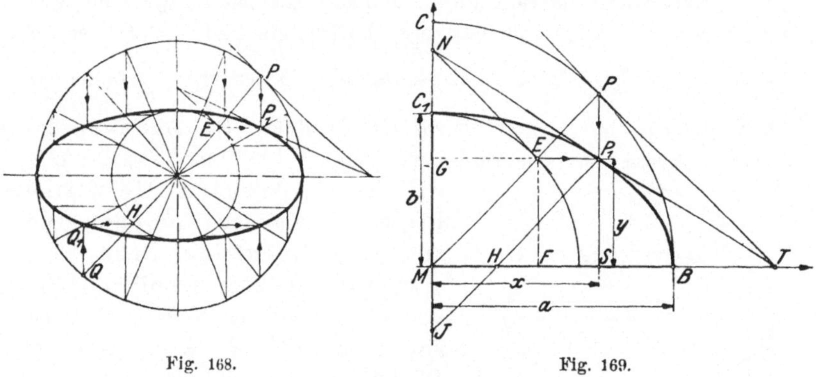

Fig. 168.   Fig. 169.

Fig. 168. Man zieht irgend einen Durchmesser PQ des Kreises, zieht durch P und Q Parallele zur kleinen, durch E und H Parallele zur großen Achse. Die Schnittpunkte P_1 und Q_1 sind Punkte der Ellipse.

Beweis. In Fig. 169 ist ein Viertel der Ellipse gezeichnet. Wir fassen M als Anfangspunkt eines Koordinatensystems, MB und MC als Koordinatenachsen auf; der Ordinate CM des Kreises entspricht die Ordinate C_1M der Ellipse. Da nun $CM = BM = a$ und $C_1M = b$ ist, so ist das Affinitätsverhältnis $C_1M : CM = b : a$. Demnach erhält man sämtliche Ordinaten der Ellipsenpunkte, indem man die Ordinaten der entsprechenden Kreispunkte mit $\dfrac{b}{a}$ multipliziert. Die oben gegebene Konstruktion ist als richtig erwiesen, wenn sich aus ihr für P_1S der Wert $\dfrac{b}{a} \cdot PS$ ergibt. Nun ist EP_1 immer parallel MS; daher gilt nach § 12 die Proportion: $P_1S : PS = ME : MP = b : a$, somit ist

$$P_1S = y = \frac{b}{a} \cdot PS. \tag{1}$$

Die Fig. 169 zeigt uns noch eine merkwürdige Beziehung der Ellipse zum kleinen Kreis. Aus der Ähnlichkeit der Dreiecke EMF und PMS folgt $MS : MP = MF : ME$, oder, da $MS = x = P_1G$, $MP = a$, $ME = b$ und $MF = GE$ ist,

$$x : a = GE : b \quad \text{oder}$$

$$P_1G = x = \frac{a}{b} \cdot GE. \tag{2}$$

Diese Gleichung sagt aus: Schneidet man die Ellipse und den **kleinen Kreis** durch eine beliebige horizontale Linie (P_1G), so ist die Abscisse $P_1G = x$ des Ellipsenpunktes immer das $\dfrac{a}{b}$ fache der Abscisse GE des entsprechenden Kreispunktes. Die Abscissen des kleinen Kreises werden im Verhältnis $a : b$ vergrößert. **Die Ellipse ist demnach die affine Figur des umbeschriebenen und zugleich die affine Figur des einbeschriebenen Kreises.** Im ersten Falle ist die große Achse, im zweiten die kleine die Affinitätsachse. Die Ellipse entsteht also gleichsam durch Zusammendrücken des großen Kreises in vertikaler oder durch Dehnung, Streckung des kleinen Kreises in horizontaler Richtung. (Fig. 170.)

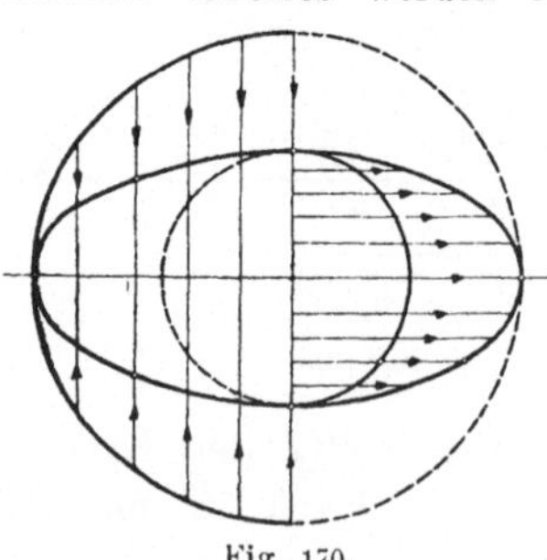

Fig. 170.

Diese Tatsache kann mit Vorteil bei der **Konstruktion der Tangenten** verwertet werden. Die Tangente in P_1 (siehe Fig. 169) ist sowohl die affine Gerade zur Kreistangente PT als auch zur Kreistangente EN. Die Punkte TP_1N liegen in der Ellipsentangente. Für Punkte nahe bei den Endpunkten der großen Achse wird die Tangente an die Ellipse mit Hilfe des Umkreises, für solche nahe bei den Endpunkten der kleinen Achse mit Hilfe des Inkreises konstruiert. (Siehe auch Fig. 168.)

Aus der Fig. 169 läßt sich leicht eine andere einfache Konstruktion der Ellipse ableiten. Wir ziehen durch P_1 zu PM die Parallele P_1J, dann ist $PM = P_1J = a$ und $P_1H = EM = b$. Somit ist $HJ = a - b$ und $JP_1 = a$. Trägt man auf dem Rande eines geradlinig begrenzten Papierstreifens die Strecken $JH = a - b$ und $JP_1 = a$ ab, und bewegt man den Papierstreifen so, daß H längs der x-Achse und J längs der y-Achse gleitet, so beschreibt der Punkt P_1 eine Ellipse mit den Halbachsen a und b. Auf diese Eigenschaften stützen sich die in den Handel kommenden Ellipsenzirkel.

Zieht man die Tangenten in den vier Scheitelpunkten einer Ellipse, so entsteht ein Rechteck. (Fig. 171.) Die Ellipse berührt jede Seite in der Mitte. Von besonderer Wichtigkeit für das richtige

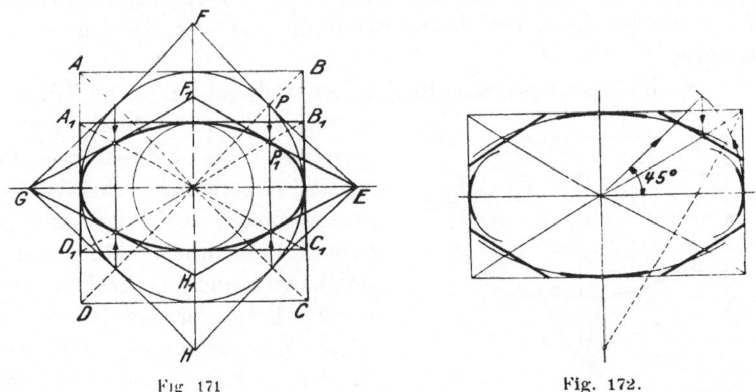

Fig 171   Fig. 172.

Zeichnen einer Ellipse sind die Punkte, die auf den Diagonalen dieses Rechtecks liegen, wir nennen sie kurz „Diagonalpunkte". Dem Rechteck $A_1B_1C_1D_1$ um die Ellipse entspricht das Quadrat

$ABCD$ um den Kreis. Den Diagonalen BD und AC des Quadrats entsprechen die Diagonalen B_1D_1 und A_1C_1 des Rechtecks. Dem Punkte P entspricht der Punkt P_1.

Die Tangente in P ist parallel zur Diagonale AC des Quadrats, daher ist die Tangente in P_1 parallel zur Diagonale A_1C_1 des Rechtecks. Die Tangenten in den „Diagonalpunkten" sind parallel den Diagonalen des Rechtecks $A_1B_1C_1D_1$.

Dem Quadrate $EFGH$ um den Kreis entspricht der Rhombus EF_1GH_1 um die Ellipse. Seine Seiten sind die Tangenten in den Diagonalpunkten und sie werden von der Ellipse in der Mitte berührt.

Hat man eine Ellipse aus den Achsen zu zeichnen, so wird man die Diagonalpunkte und die Tangenten in ihnen immer ermitteln. Dabei kann man sich auf die in Fig. 172 vorhandenen Hilfslinien beschränken.

3. Berechnung der Ordinaten der Ellipsenpunkte aus den zugehörigen Abscissen. Man beachte Fig. 169. Es ist nach Gleichung (1):

$$y = \frac{b}{a} \cdot PS,$$

PS ist aber gleich $\sqrt{(PM)^2 - (MS)^2}$; $PM = a$ und $MS = x$, somit ist:

$$y = \frac{b}{a} \sqrt{a^2 - x^2}. \tag{3}$$

Mit Hilfe dieser Gleichung kann man zu jedem horizontalen Abstand $MS = x$ die Höhe des Ellipsenpunktes über der großen Achse berechnen.

4. Krümmungskreise in den Scheitelpunkten einer Ellipse.

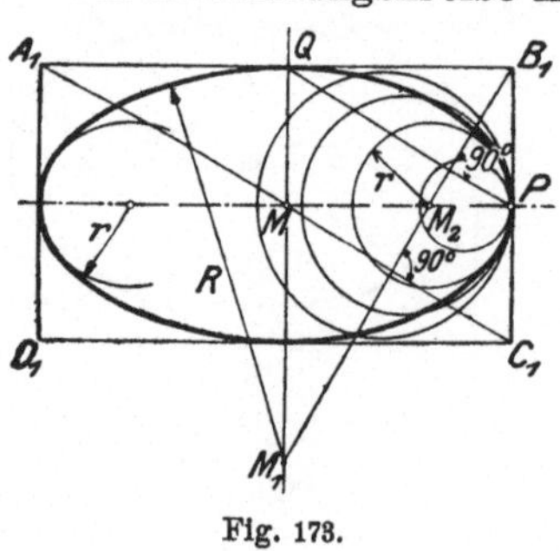

Fig. 173.

In Fig. 173 sind mehrere Kreise gezeichnet, die die Ellipse im Scheitel P berühren. Ihre Mittelpunkte liegen auf der großen Achse. Unter den unzählig vielen möglichen Berührungskreisen gibt es einen Kreis, der sich der Ellipse in P ganz besonders enge anschmiegt. Man nennt ihn den Krümmungskreis für den Scheitel P, seinen Radius den Krümmungsradius. Auch für den Scheitel Q gibt es einen Krümmungskreis. Wir geben im folgenden, ohne Beweis, die Konstruktion der

Krümmungsmittelpunkte M_1 und M_2. Man fällt von einer Ecke des Rechtecks $A_1 B_1 C_1 D_1$, z. B. von B_1, ein Lot auf die Diagonale $A_1 C_1$. M_1 und M_2 sind die Mittelpunkte der gesuchten Kreise. Ihre Radien lassen sich leicht aus den Halbachsen berechnen. Siehe Aufgabe 17, § 14. Man findet:

$$M_1 Q = R = \frac{a^2}{b} \quad \text{und} \quad M_2 P = r = \frac{b^2}{a}. \tag{4}$$

Diese Kreise schließen sich in den Scheiteln so enge an die Ellipse an, daß man ziemlich lange Bogenstücke davon als Ersatz für den Ellipsenbogen benutzen kann, wie es in Fig. 172 angedeutet ist. Die übrigen Stücke der Kurve zeichnet man mit dem Kurvenlineal. Eine Konstruktion, nach der man eine Ellipse vollständig durch Kreise ersetzen kann, kann es nicht geben. Die Fig. 35 und 64 können als Näherungskonstruktionen betrachtet werden, von denen Fig. 64 die bessere ist.

Will man eine Ellipse, deren Achsen gegeben sind, zeichnen, so zeichnet man zweckmäßig der Reihe nach (siehe Fig. 172):

1. das umbeschriebene Rechteck, dessen Seiten den Achsen parallel sind,
2. die „Diagonalpunkte" mit den Tangenten,
3. die Krümmungskreise.

Das wird in den meisten Fällen genügen. Weitere Punkte und Tangenten könnten nach Fig. 168 gefunden werden.

5. Inhalt und Umfang einer Ellipse. Das Affinitätsverhältnis, das vom umschriebenen Kreis zur Ellipse mit den Halbachsen a und b überführt, ist $n = b : a$ (Gleichung 1). Der Inhalt des Kreises ist $a^2 \pi$, daher ist nach Satz 7, § 18 der Inhalt der Ellipse:

$$J = n a^2 \pi = \frac{b}{a} \cdot a^2 \pi = a b \pi,$$

$$\boldsymbol{J = a b \pi}. \tag{5}$$

$a b$ ist das aus den Halbachsen gebildete Rechteck. Ist $a = b$, so erhält man wieder $a^2 \pi$.

Der Umfang der Ellipse ist nicht etwa das $\dfrac{b}{a}$fache vom Umfange des Kreises, wie man vermuten könnte. Seine Berechnung gestaltet sich viel schwieriger. Wir begnügen uns mit der Angabe des Resultats; es ist:

$$\text{Umfang } u = \pi (a + b) \left[1 + \frac{1}{4} \left(\frac{a - b}{a + b} \right)^2 + \frac{1}{64} \left(\frac{a - b}{a + b} \right)^4 + \cdots \right]. \tag{6}$$

Wie sich die Rechnung tatsächlich gestaltet, zeigen die folgenden

Übungsaufgaben.

1. Von einer Ellipse sind die Achsen bekannt. Man bestimme mit Hilfe des um- und einbeschriebenen Kreises die Schnittpunkte der Ellipse mit einer Geraden, die a) parallel zur großen, b) parallel zur kleinen Achse, c) beliebig liegt, ohne die Ellipse zu zeichnen.

2. Es sei $a = 10$ cm, $b = 6$ cm. Berechne nach Gleichung (3) für die Werte $x = 0, 1, 2 \ldots 9, 10$ cm die zugehörigen y und zeichne die den einzelnen Wertepaaren entsprechenden Punkte in einem auf Millimeterpapier gezeichneten Koordinatensystem. Trage zu den gleichen Abscissen x auch die Ordinaten y_1 ab, die sich aus $y_1 = \sqrt{100 - x^2}$ ergeben. Die Krümmungsradien R und r sind $R = 16^2/_3$ cm, $r = 3{,}6$ cm. Der Inhalt der ganzen Ellipse ist 188,5 cm², der des gezeichneten Quadranten 47,1 cm². Die Berechnung des Umfanges gestaltet sich nach Gleichung (6) folgendermaßen: Es ist $a = 10$, $b = 6$,

$$a + b = 16, \quad a - b = 4, \quad \frac{a - b}{a + b} = \frac{4}{16} = \frac{1}{4} \cdot \quad \text{Wir berechnen zuerst}$$

$\pi\,(a + b) = 50{,}265$ cm. Das ist der Umfang eines Kreises, dessen Durchmesser das arithmetische Mittel aus den Achsen der Ellipse ist. Dieser Umfang ist etwas kleiner als der Umfang der Ellipse. Es ist

$$\frac{1}{4}\left(\frac{a - b}{a + b}\right)^2 = \frac{1}{4} \cdot \left(\frac{1}{4}\right)^2 = \frac{1}{64} \quad \text{und} \quad \frac{1}{64}\left(\frac{a - b}{a + b}\right)^4 = \frac{1}{64} \cdot \frac{1}{256} = \frac{1}{16384}$$

Daher ist $u = 50{,}265\left[1 + \dfrac{1}{64} + \dfrac{1}{16384} + \ldots\right] = 50{,}265 + 0{,}785 +$

$0{,}003 = 51{,}053$ cm. In den meisten Fällen genügt es, den Umfang nach der Formel:

$$u = \pi\,(a + b)\left[1 + \frac{1}{4}\left(\frac{a - b}{a + b}\right)^2\right],$$

unter Weglassung des dritten Gliedes in der Klammer, zu berechnen. Man teile den gezeichneten Ellipsenbogen in kleine Stücke ein, die man als gerade Linien auffassen kann, und füge die Sehnen von Teilpunkt zu Teilpunkt auf einer geraden Linie aneinander und prüfe, wie nahe man der wirklichen Länge des Ellipsenbogens $51{,}05 : 4 = 12{,}76$ cm kommt.

6. Konjugierte Durchmesser. Je zwei Durchmesser der Ellipse, die einem Paar aufeinander senkrecht stehender Durchmesser des Kreises entsprechen, heißen ein Paar konjugierter (zugeordneter) Durchmesser (Fig. 174) $AB \perp CD$. Diesen Kreisdurchmessern entsprechen die Ellipsendurchmesser $A_1 B_1$ und $C_1 D_1$. Dem Quadrat um den Kreis entspricht das Parallelogramm um die Ellipse; die Berührungspunkte $A_1 B_1 C_1 D_1$ liegen in den Mitten der Parallelogrammseiten.

Jedem beliebigen Durchmesser $(D_1 C_1)$ der Ellipse wird so ein anderer Durchmesser $(A_1 B_1)$ als der konjugierte zugeordnet. Die Tangenten in den Endpunkten des einen sind parallel dem zuge-
ordneten Durchmesser. So sind die Tangenten in C_1 und D_1 parallel zu $A_1 B_1$ und die Tangenten in A_1 und B_1 parallel zu $C_1 D_1$. Auch die Achsen der Ellipse sind konjugierte Durchmesser; sie sind die einzigen konjugierten Durch-
messer, die aufeinander senkrecht stehen.

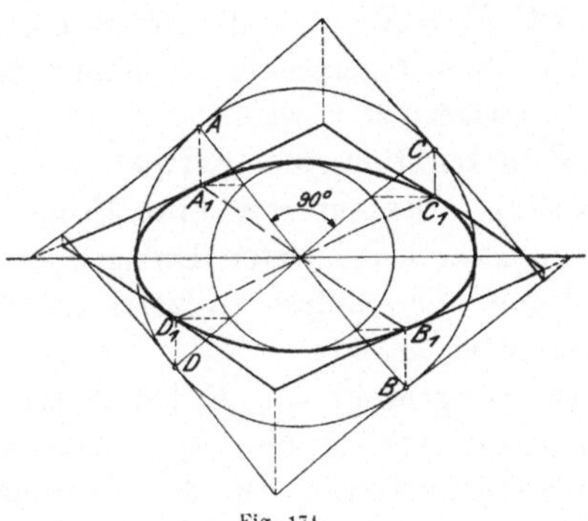

Fig. 174.

Der Kreis und die Ellipse, die in Fig. 174 vereinigt liegen, sind in den Fig. 175 und 176 getrennt voneinander gezeichnet.

Alle Sehnen eines Kreises, die zu einem Durchmesser parallel sind (Fig. 175), werden durch den dazu senkrecht stehenden Durchmesser halbiert. Daher liegen (Fig. 176) auch die

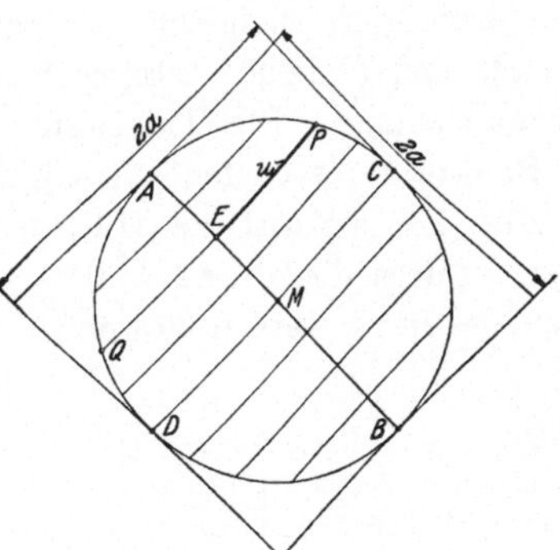

Fig. 175.

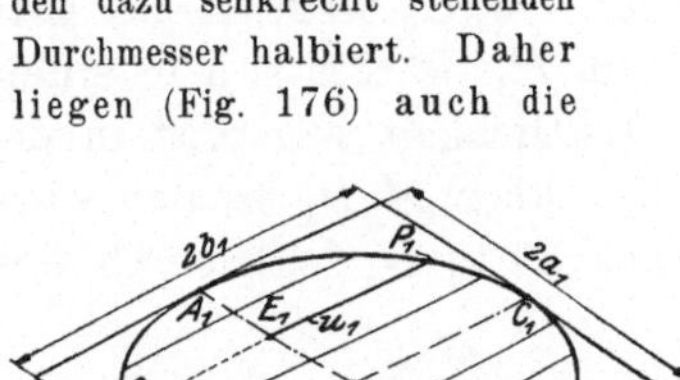

Fig. 176.

Mittelpunkte paralleler Sehnen einer Ellipse auf einem Durchmesser. Die Sehnen sind parallel dem konjugierten Durchmesser.

Die Ellipse ist in bezug auf jeden Durchmesser, der von den Achsen verschieden ist, eine schief symmetrische Figur. ($E_1 P_1 = E_1 Q_1$, weil $EP = EQ$.)

Auch diese Eigenschaften können bei Ellipsenkonstruktionen vorteilhaft ausgenutzt werden.

7. Konstruktion einer Ellipse aus einem Paar konjugierter Durchmesser. Die Aufgabe, eine Ellipse zu zeichnen, wenn von ihr nur ein Paar konjugierter Durchmesser gegeben ist, ist gleichbedeutend mit: Eine Ellipse zu zeichnen, die ein Parallelogramm in den Seitenmitten berührt.

Man vergleicht die Ellipse mit einem Kreis, dessen Durchmesser mit einem der gegebenen Ellipsendurchmesser übereinstimmt. Aus den Kreispunkten und den Tangenten werden durch schiefe Affinität die Punkte und Tangenten der Ellipse gefunden. Affinitätsachse ist der dem Kreis und der Ellipse gemeinsame Durchmesser.

In Figur 177 ist die Konstruktion für die eine Hälfte der Ellipse angedeutet. Dem Halbkreis über $A_1 B_1$ entspricht die halbe Ellipse über $A_1 B_1$. C_2 und C_1, P_2 und P_1 sind entsprechende Punkte. $C_2 C_1$ bestimmt die Affinitätsrichtung. Die Tangenten in P_2 und P_1 würden sich in einem Punkte auf s treffen. Lediglich der Deutlichkeit wegen ist in der Fig. 177 die untere Hälfte des Kreises über $A_1 B_1$ benutzt worden. Durch die obere Hälfte des Kreises hätte P_1 zeichnerisch besser bestimmt werden können.

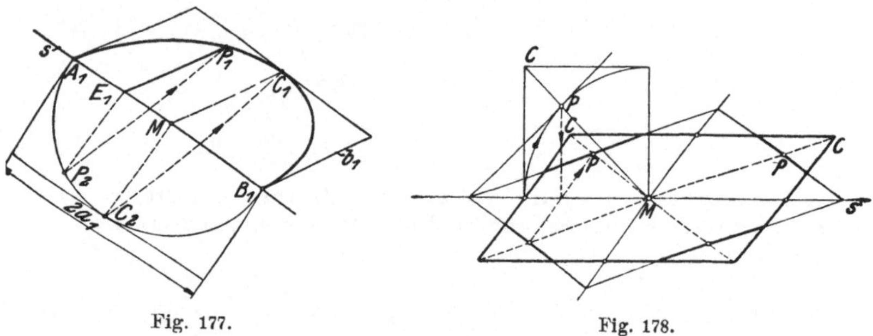

Fig. 177. Fig. 178.

Fig 178 macht im besonderen noch auf die Konstruktion der Tangenten aufmerksam. In den Punkten, die auf einer Diagonale des Parallelogramms liegen, sind die Tangenten der anderen Diagonale parallel.

Statt der Kreissehnen, die zur Affinitätsachse senkrecht stehen (siehe E_1P_2 in Fig 177), können auch die Sehnen, die zur Affinitätsachse parallel sind, vorteilhaft bei Ellipsenkonstruktion verwendet werden, seien die Achsen oder ein Paar konjugierter Durchmesser gegeben. (Fig. 179.) Diese Sehnen gehen, wie man leicht erkennt, unverkürzt in die Ellipse über. Man teilt die Strecken MC und MC_1 je in gleich viel gleiche Teile (in der Figur in 4), zieht durch die Teilpunkte die Parallelen zur Affinitätsachse, macht $1'\,2'$ gleich $1\,2$; $3'\,4'$ gleich $3\,4$ usf. Die Sehnen des Kreises werden dadurch einfach über eine andere Strecke gleichmäßig verteilt.

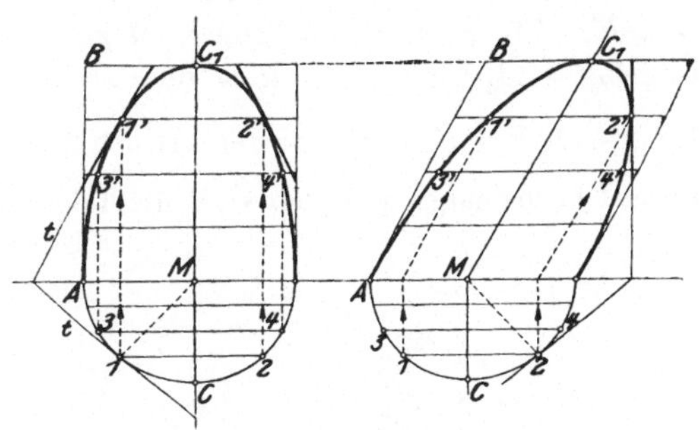

Fig. 179.

Die beiden Halbellipsen in Fig. 179 haben in gleichem Abstande von der Affinitätsachse gleiche Sehnen, sie haben demnach gleichen Inhalt. Der Inhalt einer (ganzen) Ellipse ist daher ganz allgemein gleich dem π-fachen Inhalt des Parallelogramms, das aus zwei konjugierten Halbmessern (AM und MC_1) gebildet werden kann. Die Ellipse wird durch zwei konjugierte Durchmesser in vier inhaltsgleiche Teile zerlegt.

8. Konstruktion der Achsen aus einem Paar konjugierter Durchmesser. Wenn eine Ellipse gezeichnet ist, so kann man die Achsen mit Hilfe eines Kreises finden, den man um den Mittelpunkt der Ellipse schlägt und der die Ellipse in 4 Punkten schneidet. Die vier Schnittpunkte bestimmen die Ecken eines Rechtecks und die Parallelen zu den Rechteckseiten, durch den Mittelpunkt der Ellipse, bestimmen die Achsen. Der Beweis beruht auf den Symmetrieeigenschaften der Ellipse.

Die Achsen können auch ermittelt werden, wenn die Ellipse noch nicht gezeichnet ist, wenn von ihr nur ein Paar konjugierter Durchmesser vorliegt. Es seien (Fig. 180) a und b die Halbachsen der Ellipse, MA_1 und MB_1 zwei konjugierte Halbmesser, die den aufeinander senkrecht stehenden Kreisradien MA und MB entsprechen. Die schraffierten rechtwinkligen Dreiecke sind kongruent (wsw). Wir drehen MB und MB_1 je um 90^0 bis MB auf MA, und MB_1 auf MB_2 fällt. Das Viereck A_1AB_2C ist ein Rechteck. Wir verlängern A_1B_2 bis zum Schnitt mit den Achsen der Ellipse in F und E. Es ist $MF \parallel A_1C$ und $ME \parallel A_1A$. Die Dreiecke DCA_1 und DMF sind gleichschenklig und ähnlich. Ebenso die Dreiecke DB_2C und MDE. Es ist also $DF = DM = DE$. Ein Kreis um D durch M geht durch E und F. Ferner ist $AM = A_1E = B_2F = a =$ der großen Achse der Ellipse und $MC = A_1F = B_2E = b =$ der kleinen Achse. $DM = \dfrac{a+b}{2}$. Auf diese Überlegungen gründet sich die folgende

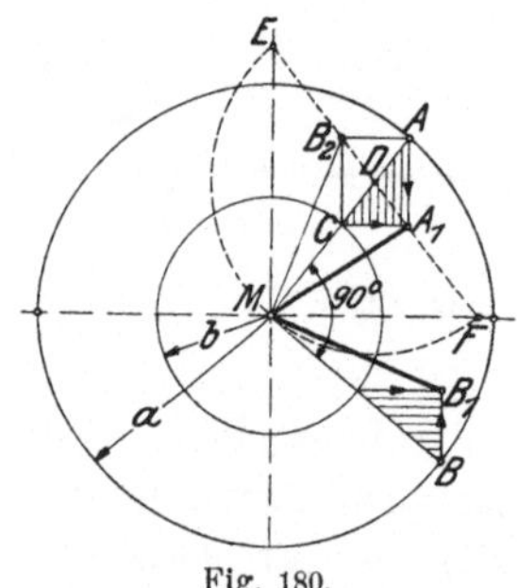

Fig. 180.

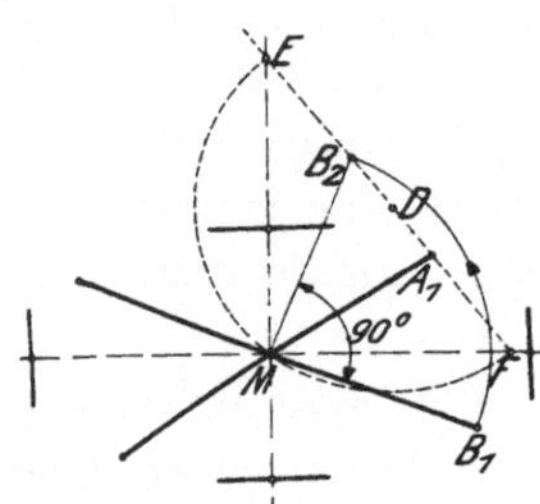

Fig. 181.

Konstruktion (Fig. 181). Ziehe $MB_2 \perp MB_1$, $MB_2 = MB_1$. Ziehe A_1B_2 und halbiere die Strecke in D. Der Kreis um D durch M trifft die verlängerte Linie A_1B_2 in E und F.

MF und ME sind die Richtungen der Achsen.

$B_2F = A_1E = a =$ Länge der großen Achse,
$B_2E = A_1F = b =$ „   „ kleinen   „

Sind die Achsen bekannt, so konstruiert man die Ellipse nach Abschnitt 4 (Schluß).

9. Brennpunkte einer Ellipse.
Ein Kreisbogen mit dem Radius a um einen Endpunkt der kleinen Achse geschlagen, trifft die große Achse in

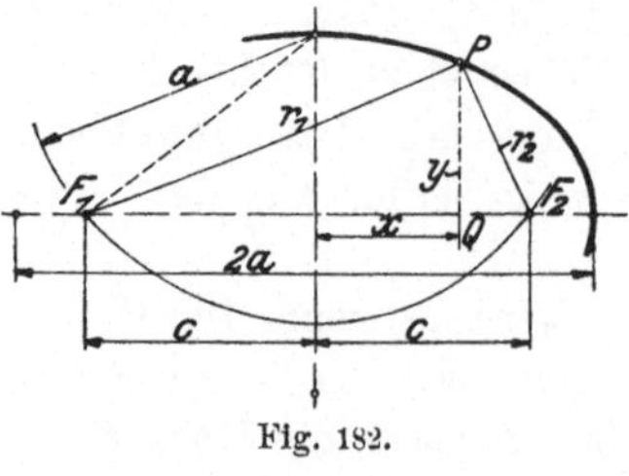

Fig. 182.

zwei Punkten F_1 und F_2, die man Brennpunkte nennt (Fig. 182). Die Punkte der Ellipse stehen zu diesen Punkten in einer merkwürdigen Beziehung.

F_1 und F_2 haben vom Mittelpunkt der Ellipse offenbar den Abstand

$$c = \sqrt{a^2 - b^2}. \tag{8}$$

Es genügt, wenn wir im folgenden einen Viertel der Ellipse ins Auge fassen. Ist P ein beliebiger Punkt auf dem gezeichneten Ellipsenbogen, sind r_1 und r_2 seine Entfernungen von F_1 und F_2, x und y seine Koordinaten (wenn die Achsen der Ellipse zu Koordinatenachsen gewählt werden), dann ergibt sich aus dem rechtwinkligen Dreieck $F_1 Q P$

$$r_1 = \sqrt{(c + x)^2 + y^2};$$

nun ist aber nach Gleichung 3

$$y = \frac{b}{a} \sqrt{a^2 - x^2}, \text{ also } y^2 = b^2 - \frac{b^2}{a^2} x^2.$$

daher ist

$$r_1 = \sqrt{(c + x)^2 + b^2 - \frac{b^2}{a^2} x^2} = \sqrt{c^2 + 2 c x + x^2 + b^2 - \frac{b^2}{a^2} x^2}$$

$$= \sqrt{(c^2 + b^2) + 2 c x + \frac{x^2}{a^2} (a^2 - b^2)}.$$

Nach Gleichung 8 ist $a^2 - b^2 = c^2$ und daher $c^2 + b^2 = a^2$; setzt man diese Werte unter der Wurzel ein, so erhält man

$$r_1 = \sqrt{a^2 + 2 c x + \frac{x^2 c^2}{a^2}} = \sqrt{\left(a + \frac{c x}{a}\right)^2} = a + \frac{c x}{a},$$

$$r_1 = a + \frac{c x}{a}.$$

Ähnlich findet man mit Hilfe des Dreiecks $F_2 Q P$

$$r_2 = a - \frac{c x}{a}.$$

Daraus folgt

$$r_1 + r_2 = 2 a. \tag{9}$$

r_1 und r_2 heißen die Brennstrahlen des Punktes P. Nach Gleichung 9 ist also für jeden beliebigen Punkt P der Ellipse die Summe der Brennstrahlen gleich der großen Achse, also unveränderlich.

Hierauf gründet sich eine weitere Konstruktion der Ellipse aus den Achsen (Fig. 183). Man konstruiert die Brennpunkte F_1 und F_2, nimmt C auf $A B$ zwischen F_1 und F_2 beliebig an, schlägt um F_1 einen Kreisbogen mit der Zirkelöffnung $A C = r_1$, dann um F_2 einen Bogen mit $B C = r_2$; die Punkte P_1 und P_2 sind Punkte der Ellipse, denn nach der Konstruktion ist $r_1 + r_2 = 2 a = A B$.

Da die Ellipse in bezug auf die Achsen symmetrisch ist, hätte man mit $A C = r_1$ auch einen Kreisbogen um F_2 und mit $B C = r$

einen solchen um F_1 schlagen können, man hätte damit auch die

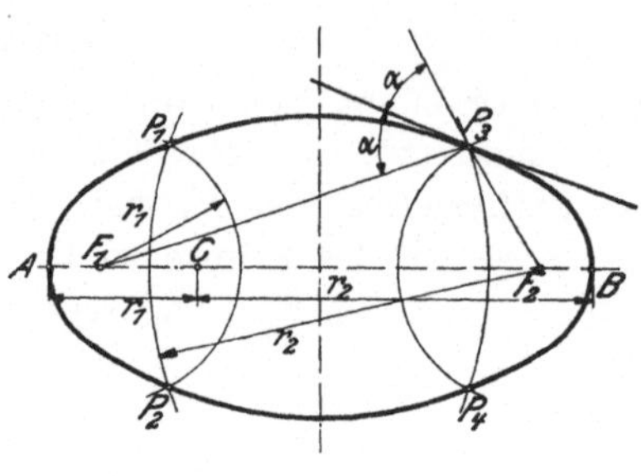

zu P_1 und P_2 symmetrischen Punkte P_3 und P_4 erhalten. Durch Annahme eines anderen Punktes C erhält man vier weitere Punkte der Ellipse.

Man beweise, daß für irgend einen Punkt innerhalb (außerhalb) der Ellipse die Summe der Abstände von F_1 und F_2 kleiner (größer) ist als $2\,a$.

Fig. 183.

10. Leitkreise der Ellipse.

So nennt man die Kreise, die mit dem Radius $2\,a$ um die Brennpunkte geschlagen werden können. In Fig. 184 ist ein Teil eines Leitkreises gezeichnet. Die Leitkreise könnten ebenfalls zur Ellipsenkonstruktion verwendet werden. Man zieht z. B. $F_1 S$ beliebig, errichtet auf $F_2 S$ die Mittelsenkrechte t, die $F_1 S$ in P trifft. P ist ein Punkt der Ellipse; denn $F_1 P + P S = 2\,a$, als Radius des Leitkreises. $P S = P F_2$, weil P auf der Mittelsenkrechten t liegt; daher ist $F_1 P + P S = F_1 P + P F_2 = 2\,a$.

Auf t kann es außer P keinen zweiten Punkt der Ellipse geben, denn für jeden anderen Punkt Q auf t ist $Q F_1 + Q F_2 = Q F_1 + Q S > F_1 S$, also größer als $2\,a$; somit ist t eine Tangente an die Ellipse.

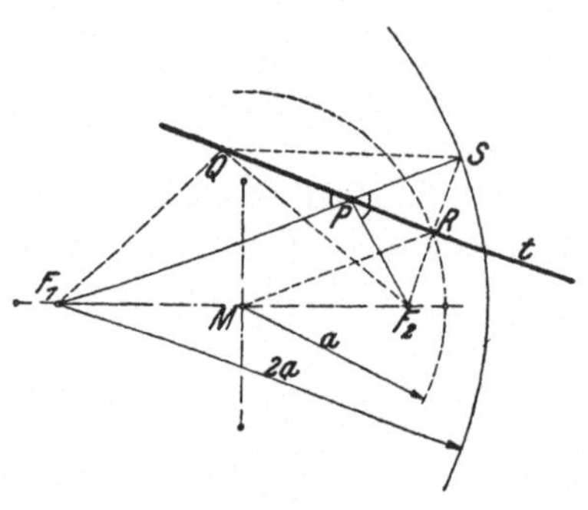

Wie man leicht erkennt, sind die drei mit kleinen Bogen kenntlich gemachten Winkel um P einander gleich, d. h. die Tangente t bildet mit den Brennstrahlen nach dem Berührungspunkte P gleiche Winkel. (Siehe auch Fig. 183, P_3.)

Fig. 184.

Ferner ist in Fig. 184 $F_2 R = R S$ und $M F_1 = M F_2$; daher ist in dem Dreieck $F_1 S F_2$ die Strecke $R M = \frac{1}{2} \cdot F_1 S = \frac{1}{2} \cdot 2\,a = a$.

Da $F_1 S$ und daher auch P beliebig gewählt sind, folgt: Fällt man von einem Brennpunkt ein Lot auf eine Tangente, so liegt der Fußpunkt *(R)* immer auf dem der Ellipse umbeschriebenen Kreis.

Konstruiert man zu einem Brennpunkt den symmetrischen Punkt S in bezug auf eine beliebige Tangente der Ellipse, so liegt S immer auf dem Leitkreis um den andern Brennpunkt.

11. Konstruktion der Tangenten an eine Ellipse von einem gegebenen Punkt P aus oder parallel zu einer vorgeschriebenen Richtung.

Von der Ellipse seien die Achsen gegeben. Man zeichne die Figur. F_1 und F_2 seien die Brennpunkte. P sei ein beliebiger Punkt außerhalb der Ellipse, von dem aus die Tangenten an die Ellipse gezogen werden sollen. Man schlägt um P durch einen der Brennpunkte, z. B. F_2 einen Kreis k_1, um den andern Brennpunkt F_1 einen Leitkreis k_2 (Radius $2\,a$). k_1 und k_2 schneiden sich in zwei Punkten A und B. Die Mittelsenkrechten der Strecken $F_2\,A$ und $F_2\,B$ sind die gesuchten Tangenten; ihre Berührungspunkte C und D liegen auf den Geraden $F_1\,A$ und $F_1\,B$ oder auch auf dem der Ellipse umbeschriebenen Kreis. Die Begründung dieser Konstruktion liegt in den zwei letzten Sätzen des vorhergehenden Abschnitts.

Sollen die Tangenten an die Ellipse parallel zu einer gegebenen Geraden g gezogen werden, so ziehe man durch F_2 eine Normale l zu g; l schneidet den Leitkreis k_2 um F_1 in den Punkten A und B. Die Mittelsenkrechten der Strecken $F_2\,A$ und $F_2\,B$ sind die gesuchten Tangenten. Die Berührungspunkte C und D werden durch die Geraden $F_1\,A$ und $F_1\,B$ auf den Tangenten ausgeschnitten. C und D liegen auch auf dem der Ellipse umbeschriebenen Kreis. Die Brennpunkte F_1 und F_2 können in beiden Konstruktionen ihre Rolle vertauschen.

§ 20. Die Parabel.

Bewegt sich ein Punkt so in einer Ebene, daß er von einem festen Punkt *(F)* und einer festliegenden Geraden *(l)* beständig den gleichen Abstand hat, so heißt seine Bahnkurve eine Parabel.

1. Brennpunkt, Leitlinie, Achse, Scheitel, Durchmesser. Es sei F in Fig. 185 der gegebene Punkt, l sei die gegebene Gerade.

F heißt der Brennpunkt, l die Leitlinie. Jeder Punkt der Ebene, der von F und l gleiche Entfernung hat, ist nach der gegebenen Definition ein Punkt der Parabel. Das ist zunächst für den Punkt S der Fall, der in der Mitte der Strecke FQ auf dem Lote a zu l liegt. Wir ziehen $g \parallel l$ durch S. Unterhalb g kann es keinen weiteren Punkt der Parabel geben, wie man leicht einsehen wird. Auch auf g liegt außer S kein anderer Punkt der Parabel. Dagegen können auf jeder beliebigen Parallelen h zu g, die oberhalb g liegt, zwei Punkte der Parabel ermittelt werden. Der

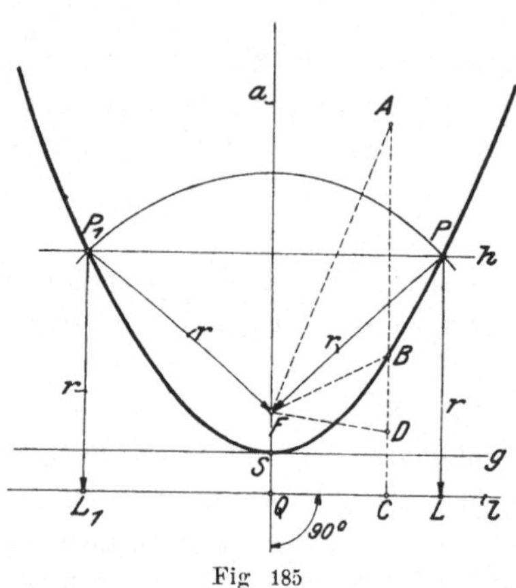

Fig. 185

Abstand von h und l sei r. Schlägt man um F einen Kreisbogen vom Radius r, so schneidet er h in P und P_1. Für diese beiden Punkte gilt nach der Konstruktion die Beziehung:

$$P_1 L_1 = P_1 F = r \quad \text{und} \quad PL = PF = r.$$

P und P_1 sind daher Punkte der Parabel, und zwar die einzigen, die auf h liegen. Auf jeder beliebigen anderen Parallelen h können auf gleiche Weise zwei andere Punkte bestimmt werden. Die Kurve, die alle so konstruierten Punkte miteinander verbindet, ist symmetrisch zur Geraden a. Man nennt a die Achse, S den Scheitel der Parabel; g heißt die Scheiteltangente.

Die Parabel erstreckt sich nach oben beliebig weit fort, sie ist keine im Endlichen geschlossene Kurve wie die Ellipse. Man kann immer nur ein Stück einer Parabel zeichnen.

Die Parabel trennt die ganze Ebene in zwei Gebiete. Wir sagen von allen Punkten, die auf der gleichen Seite der Parabel wie der Brennpunkt liegen, sie seien im Innern der Parabel. Für jeden Punkt im Innern ist die Entfernung vom Brennpunkt F kleiner, für jeden äußeren Punkt dagegen größer als der Abstand von der Leitlinie l, denn ziehen wir durch den Punkt A im Innern eine Parallele AC zu a, so ist $AF < AB + BF$; da aber $BF = BC$ ist, weil B auf der Parabel liegt, so ist $AF < AB + BC$, also $AF < AC$. — Für den äußern Punkt D ist $DF > BF - BD$ oder,

weil $BF = BC$ ist, $DF > BC - BD$ oder $DF > DC$. — Auf
jeder Parallelen zu a hat es nur einen Punkt der Parabel. Man
nennt jede Parallele zur Achse a einen Durchmesser der Parabel.
Man kann sich eine Parabel als eine unendlich große Ellipse vorstellen,
deren Mittelpunkt in der Richtung a unendlich weit weg liegt. Alle
Durchmesser gehen durch diesen unendlich fernen Mittelpunkt, d. h.
sie sind parallel.

2. Tangente und Normale in einem Punkte der Parabel.
Wir beschränken unsere Entwicklungen · auf die eine Hälfte der
Parabel; die Eigenschaften, die
dieser zukommen, gelten auch für
die andere Hälfte. — In Fig. 186
sei P ein beliebiger Punkt auf
der Kurve. PL ist senkrecht
zu l. Es ist $PF = PL$, daher ist
das Dreieck PFL gleichschenklig.
Ferner ist FS gleich und parallel
zu ML. FL schneidet daher
die Scheiteltangente im Mittelpunkt R der Strecke FL. PR
ist die Höhe des gleichschenkligen
Dreiecks PFL. — Wir wollen
beweisen, daß $PR = t$ eine Tangente der Parabel ist. Ist C

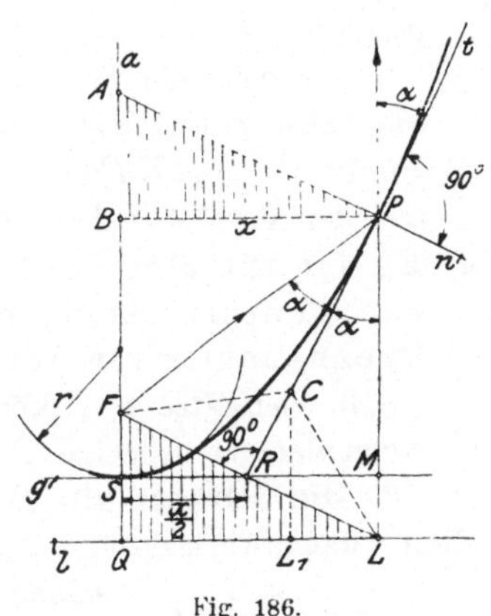

Fig. 186.

ein von P verschiedener Punkt auf t, dann ziehen wir CF und
CL_1 ($CL_1 \parallel PL$). Dann ist $CF = CL$. CL ist als Hypotenuse
des rechtwinkligen Dreiecks CLL_1 größer als CL_1; daher ist auch
$CF > CL_1$, d. h. C liegt außerhalb der Parabel. Dasselbe läßt
sich von jedem beliebigen von P verschiedenen Punkt auf t nachweisen. P ist also der einzige Punkt auf t, der der Parabel an-
gehört, alle übrigen Punkte liegen außerhalb der Parabel, d. h. t
ist eine Tangente.

$PR = t$ halbiert den Winkel zwischen PF und PL. PF
heißt der Brennstrahl des Punktes P. PL ist zu a parallel
und hat die Richtung eines Durchmessers.

a) die Tangente bildet mit dem Brennstrahl und
   dem Durchmesser im Berührungspunkt gleiche
   Winkel (α).

$$\triangle FSR \cong \triangle RML; \text{ daher ist } SR = RM. \text{ Ist } BP \parallel \text{ zu } g,$$

dann ist $SM = PB$ und daher $SR = \dfrac{1}{2} \cdot SM = \dfrac{1}{2} \cdot PB$, d. h.:

b) **Die Tangente schneidet die Scheiteltangente in einem Punkte *(R)*, der vom Scheitelpunkte *(S)* halb so weit entfernt ist, wie der Berührungspunkt P von der Achse der Parabel.** Aus der Figur folgt ferner:

c) **Errichtet man im Schnittpunkt *(R)* einer beliebigen Tangente *(t)* mit der Scheiteltangente ein Lot *(RF)* auf die Tangente, so geht es immer durch den Brennpunkt *(F)*.**

n heißt die Normale der Parabel in P. Sie schneidet die Achse a in A. AB auf a heißt die Subnormale für den Punkt P. $\triangle ABP \cong \triangle FQL$, für jede beliebige Lage von P auf der Parabel; daher $AB = FQ$, d. h.:

d) **Es ist für alle Punkte der Parabel die Subnormale von gleicher Länge, nämlich gleich dem Abstand des Brennpunktes von der Leitlinie.**

Alle vier Sätze a—d können zur Konstruktion der Tangenten und Normalen für beliebige Parabelpunkte verwertet werden.

3. Die Parabel als Bild der Funktion: $y = C x^2$. Wir wollen zeigen, wie man für jeden beliebigen Parabelpunkt P (Fig. 187)

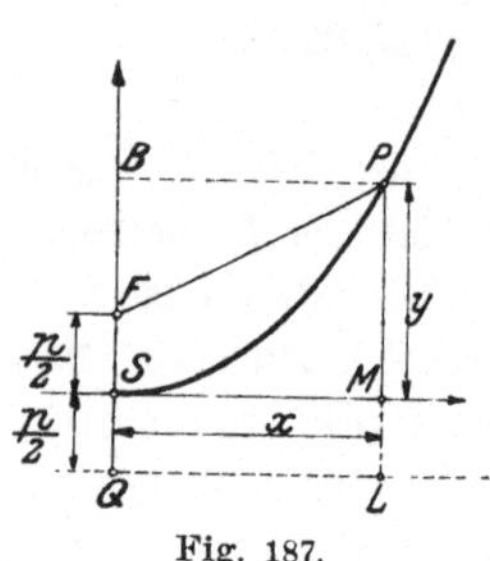

seinen Abstand y von der Scheiteltangente berechnen kann, wenn seine Enfernung x von der Parabelachse und die Lage des Brennpunktes bekannt sind. — Wir wählen S zum Anfangspunkt eines Koordinatensystems, die Scheiteltangente zur x-Achse, die Parabelachse zur y-Achse, den Abstand des Brennpunktes von der Leitlinie nennen wir p; es ist also $FS = \dfrac{p}{2} = ML$. Weil $PF = PL$ ist, ist:

Fig. 187.

$$\sqrt{(BP)^2 + (BF)^2} = PL$$

oder

$$\sqrt{x^2 + \left(y - \frac{p}{2}\right)^2} = y + \frac{p}{2}.$$

Durch Quadrieren erhält man:

$$x^2 + y^2 - p\,y + \frac{p^2}{4} = y^2 + p\,y + \frac{p^2}{4}.$$

Daraus folgt: $\qquad\qquad x^2 = 2\,p\,y$

oder: $\qquad\qquad\qquad y = \dfrac{1}{2\,p}\,x^2.$ $\qquad\qquad\qquad$ (1)

Die Bedeutung dieser Gleichung soll an einem Beispiel näher erläutert werden. In Fig. 188 ist p zu 5 cm, also $FS = \dfrac{p}{2}$ zu 2,5 cm angenommen. $\dfrac{1}{2p} = \dfrac{1}{2 \cdot 5} = \dfrac{1}{10} = 0{,}1$. Die Gleichung (1) nimmt die Form an:

$$y = 0{,}1\,x^2. \qquad\qquad (2)$$

Setzt man hierin für x einen beliebigen positiven oder negativen Wert ein, rechnet den zugehörigen Wert y aus, so sind x und y die Koordinaten eines Punktes der Parabel. Für $x = 6$ z. B. wird $y = 0{,}1 \cdot 6^2 = 3{,}6$, das entspricht dem Punkt P der Figur. Man berechne y für andere x-Werte und zeichne die Kurve auf einem Blatt Millimeterpapier. — Wählt man nun p nicht 5, sondern nur 2,5 cm. dann wird $\dfrac{p}{2} = F_1 S = 1{,}25$ cm, $\dfrac{1}{2p} =$ 0,2 und Gleichung (1) erhält die Form

$$y_1 = 0{,}2\,x^2. \qquad (3)$$

Dieser Gleichung entspricht die in der Figur gestrichelt gezeichnete Parabel. Für $x = 6$ wird $y_1 = 2 \cdot 3{,}6 = 7{,}2$ cm. P_1 hat somit die doppelte Ordinate von P. Das trifft für irgend zwei übereinander liegende Punkte der beiden Parabeln zu; den $0{,}2\,x^2 = 2 \cdot 0{,}1\,x^2$, also $y_1 = 2\,y$. Die beiden Parabeln sind demnach affine Figuren. Die x-Achse ist die Affinitätsachse, die Ordinatenachse die Affinitätsrichtung, das Affinitätsverhältnis für den Über-

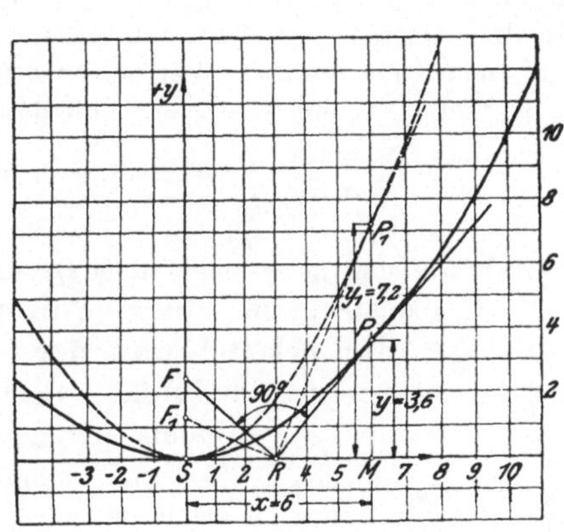

Fig. 188.

gang von der ersten zur zweiten Parabel ist $n = 2$. Die Tangenten in P und P_1 treffen sich im gleichen Punkte R auf der x-Achse. Die Brennpunkte sind keineswegs affine Punkte, denn $F_1 S$ ist nicht $2 \cdot FS$, sondern $\dfrac{1}{2} \cdot FS$. Je näher der Brennpunkt an der Scheiteltangente liegt, desto steiler steigt die Parabel an. — Man zeichne die Parabeln, die den Gleichungen $y = 0{,}3\,x^2$, $y = 0{,}4\,x^2$, $y = x^2$ entsprechen.

Wir ersetzen nun den Wert $\dfrac{1}{2p}$ in Gleichung (1) durch den Buchstaben C:

$$C = \frac{1}{2p}, \qquad (4)$$

wodurch Gleichung (1) die Form annimmt:

$$y = C x^2. \qquad (5)$$

Für $C = 0{,}1$ oder $0{,}2$ erhält man wieder die Gleichungen (2) und (3).

Jeder Gleichung von der Form $y = C x^2$ entspricht in einem Koordinatensystem eine Parabel, deren Scheitelpunkt im Koordinatenanfangspunkt liegt und die die x-Achse zur Scheiteltangente und die y-Achse zur Achse hat.

Wir haben schon viele Gleichungen von der Form (5) kennen gelernt, z. B. $J = \pi r^2$; hier ist $y = J$; $C = \pi$; $x = r$. Weitere Beispiele sind: $J = \dfrac{\pi}{4} \cdot d^2$; $J = \dfrac{\sqrt{3}}{4} \cdot s^2$; $J = s^2$ usw. Stellt man solche Gleichungen graphisch dar, d. h. trägt man beliebige Werte der einen Größe, z. B. r als Abscissen und die entsprechenden Werte der andern (J) als Ordinaten auf, so erhält man immer eine Parabel. Vergleiche § 9, Aufgabe 34 und § 12. Sind x_1, y_1 und x_2, y_2 zwei Wertepaare, die der Gleichung (5) genügen, ist also:

$$\left.\begin{array}{l} y_1 = C x_1{}^2 \\ y_2 = C x_2{}^2 \end{array}\right\} \quad \text{so erhält man hieraus durch Division:}$$

$$y_1 : y_2 = x_1{}^2 : x_2{}^2.$$

Die y-Werte sind „proportional dem Quadrate" der x-Werte.

4. Konstruktion einer Parabel aus einem beliebigen Punkte P, dem Scheitel und der Scheiteltangente. Es sei P in Fig. 189 der gegebene Punkt. Seine Koordinaten seien a und b.

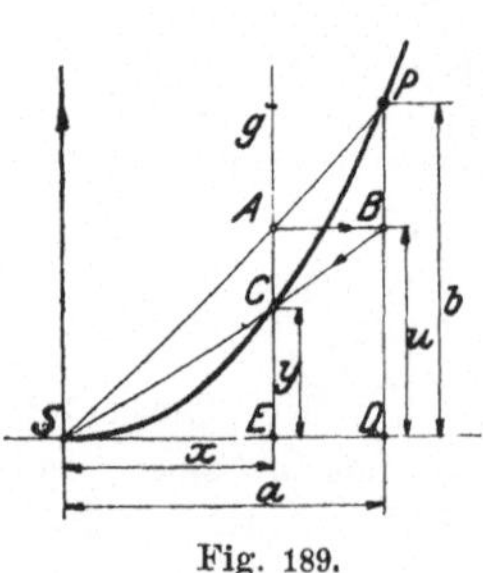

Fig. 189.

Indem wir dem Buchstaben C in Gleichung (5) alle möglichen Zahlenwerte beilegen, erhalten wir alle möglichen Parabeln, die in S ihren Scheitel und die x-Achse als Scheiteltangente haben. Die Parabeln haben außer S keinen gemeinsamen Punkt. Will man nun jene Parabel bestimmen, die gerade durch den Punkt P in Fig. 189 hindurch geht, so ist nach Gleichung (5) $b = C a^2$; hieraus läßt sich, da a und b bekannte Größen sind, C berechnen. Es ist $C = \dfrac{b}{a^2}$ und daher können wir für jeden andern Wert x die zugehörige Ordinate y der durch P

gehenden Parabel nach der Gleichung

$$y = \frac{b}{a^2}\, x^2 \tag{6}$$

berechnen.

Vergleichen wir die Gleichungen (6) und (1), so erkennen wir, daß $\frac{b}{a^2} = \frac{1}{2p}$ ist, woraus man für den Abstand des Brennpunktes vom Scheitelpunkt findet

$$\frac{p}{2} = \frac{a^2}{4\,b}\,. \tag{7}$$

Ist z. B. $b = 12$ cm, $a = 10$ cm, dann ist $y = 0{,}12\,x^2$ und $\frac{p}{2} = 2^1/_{12}$ cm. Mit Hilfe der Gleichung $y = 0{,}12\,x$ könnte man die Koordinaten beliebig vieler Punkte der Parabel berechnen und die entsprechenden Punkte aufzeichnen. Man könnte auch aus (7) die Lage des Brennpunktes bestimmen oder, ganz ohne irgendwelche Rechnung, nach Fig. 186 den Brennpunkt ermitteln. Man zieht $PM \perp g$, macht $SR = RM$ und zieht $RF \perp PR$. F ist der Brennpunkt und die Parabel könnte nach Abschnitt (1) konstruiert werden. — Wir wollen aber in diesem Abschnitt eine neue Konstruktion der Parabel geben, die sich unmittelbar aus der Gleichung (6) ergibt.

Ist g in Fig. 189 eine beliebige Gerade parallel zur Achse der Parabel, so kann man den auf g liegenden Parabelpunkt auf folgende einfache Weise konstruieren. Ziehe SP, g schneidet SP in A, ziehe AB parallel SD, BS schneidet g in dem gesuchten Parabelpunkt C!

Beweis: Es sei $BD = AE = u$.

$$\triangle SCE \sim \triangle SBD, \text{ daraus folgt: } \frac{u}{a} = \frac{y}{x},$$

$$\triangle SEA \sim \triangle SPD, \text{ daraus folgt: } \frac{b}{a} = \frac{u}{x},$$

durch Multiplikation dieser Gleichungen erhält man

$$\frac{u}{a} \cdot \frac{b}{a} = \frac{y}{x} \cdot \frac{u}{x},$$

woraus sich ergibt:

$$y = \frac{b}{a^2}\, x^2.$$

Die für C konstruierte Ordinate y ist also genau gleich der Ordinate, die sich aus (6) zu x berechnen läßt, d. h. C ist ein Punkt der Parabel durch P.

In Fig. 190 sind nun mehrere Gerade g in gleichen Abständen über die Strecke a verteilt und für jede Gerade ist der auf ihr liegende Parabelpunkt nach der besprochenen Konstruktion ermittelt. Der regelmäßigen Teilung auf SD entspricht nun

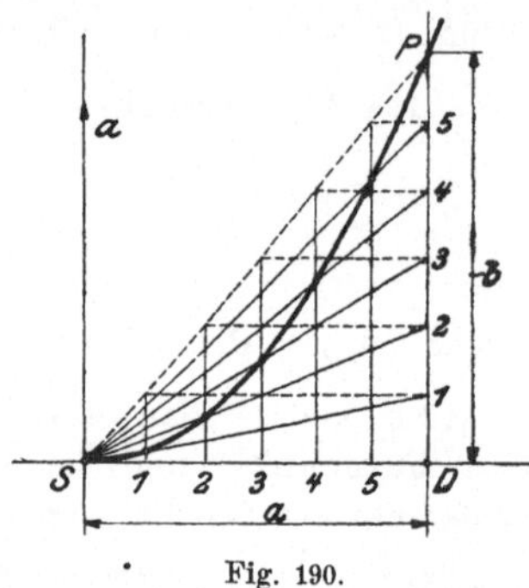

Fig. 190.

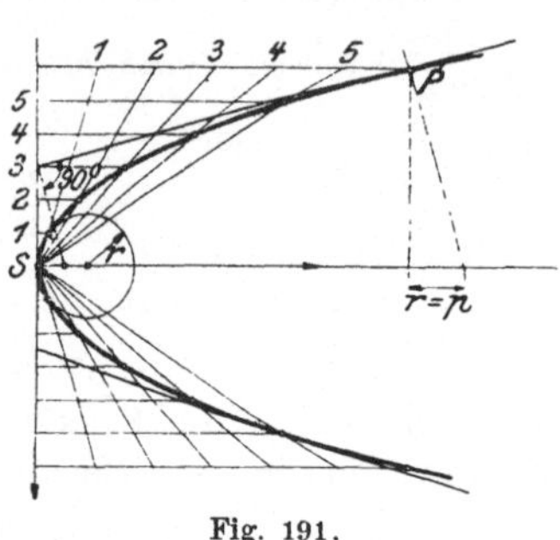

Fig. 191.

offenbar auch eine regelmäßige Teilung auf SP und diese wird durch die horizontalen Linien wieder auf die Strecke $PD = b$ übertragen. Sowohl a als b sind demnach in gleich viele unter sich gleiche Stücke zerlegt. Läßt man schließlich die in Fig. 190 gestrichelten Linien als überflüssig weg, so gelangt man zu der einfachen und viel benutzten Konstruktion der Parabel, wie sie in Fig. 191 ausgeführt ist.

5. **Tangenten von einem beliebigen Punkte außerhalb der Parabel oder parallel einer vorgeschriebenen Richtung.** Ist P der gegebene Punkt (Fig. 192), F der Brennpunkt, dann schlägt man um P einen Kreis durch F, der die Leitlinie l in A und B trifft. Die Lote von P auf die Kreissehnen AF und BF sind die Tangenten an die Parabel, ihre Berührungspunkte C und D liegen in den Loten, die man in A und B auf l errichten kann.

Beweis: PC ist die Mittelsenkrechte zur Strecke AF; daher ist $CA = CF$; ebenso ist $DB = DF$, d. h. C und D sind Punkte

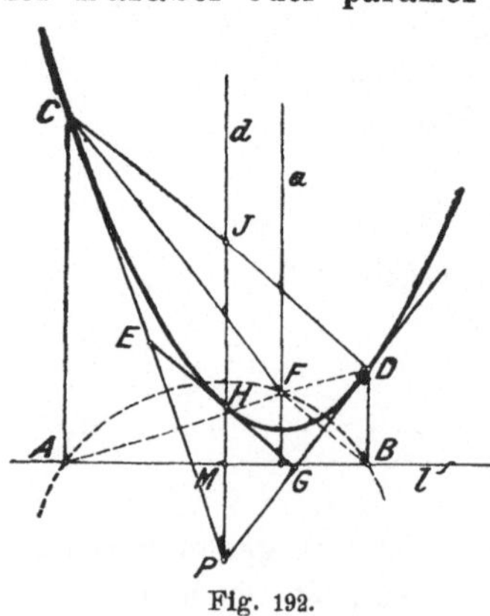

Fig. 192.

der Parabel. Ferner ist $\sphericalangle\,ACP = \sphericalangle\,PCF$ und $\sphericalangle\,PDF = \sphericalangle\,PDB$, d. h. PC und PD sind nach Satz a, Abschnitt 2 Tangenten an die Parabel.

Soll die Tangente parallel einer vorgeschriebenen Richtung r gezogen werden (die Konstruktion ist in der Figur nicht ausgeführt), so ziehe man durch F ein Lot zu r, das l in Q treffen möge. Die Mittelsenkrechte zu FQ ist die Tangente, und das Lot in Q auf l liefert den Berührungspunkt. Es gibt höchstens eine Tangente von vorgeschriebener Richtung. Beweise die Richtigkeit der Konstruktion.

6. Beziehungen zwischen Tangenten, Sehnen, Durchmessern. Zieht man PJ (Fig. 192) senkrecht zu AB, so wird AB in M und CD in J halbiert. PJ ist, weil parallel zu a, der durch P gehende Durchmesser d der Parabel.

  a) Zieht man von einem Punkte P zwei Tangenten an eine Parabel, so halbiert der durch P gehende Durchmesser d die Berührungssehne CD, oder: Die Berührungspunkte (C und D) zweier Tangenten haben von dem durch den Schnittpunkt (P) der Tangenten gehenden Durchmesser (d) gleichen Abstand.

Es seien E und G die Mittelpunkte der Strecken PC und PD. Faßt man nun E als den Punkt auf, von dem aus zwei Tangenten an die Parabel gezogen werden sollen, dann ist EC die eine Tangente; der Berührungspunkt der andern liegt nach Satz a auf d. — Die eine Tangente, die man von G aus ziehen kann, ist GD, die andere hat ihren Berührungspunkt ebenfalls auf d. Da nun auf d nur ein Punkt der Parabel liegen kann und in diesem nur eine Tangente möglich ist, müssen die drei Punkte EHG in einer Geraden liegen. H ist der Berührungspunkt, EG ist die Tangente in H. EG ist zur Sehne CD parallel und gleich ihrer Hälfte; außerdem ist $HJ = PH$.

  b) Der Mittelpunkt J einer Sehne und der Schnittpunkt P der beiden Tangenten in den Endpunkten (C und D) der Sehne liegen gleichweit entfernt vom Schnittpunkt H des Durchmessers PJ mit der Parabel.

Denkt man sich P auf d verschoben und immer von P aus die Tangenten an die Parabel gezogen, so sind die Berührungssehnen immer der Tangente in H, also auch unter sich parallel und ihre Mittelpunkte *(J)* liegen auf dem gleichen Durchmesser *d*.

c) Zieht man in einer Parabel mehrere parallele Sehnen, so liegen ihre Mittelpunkte auf einem Durchmesser; die Tangente im Endpunkte des Durchmessers ist den Sehnen parallel.

Mit Hilfe dieses Satzes kann man in einer gezeichnet vorliegenden Parabel die Achse bestimmen (Fig. 194). Man zieht irgend zwei parallele Sehnen CD und EF. Die Verbindungslinie GJ ihrer Mittelpunkte ist ein Durchmesser und daher zur Achse parallel. Nun zieht man die Sehne DH senkrecht zu d. Durch ihren Mittelpunkt K geht die Achse parallel d.

7. Konstruktion einer Parabel aus zwei Tangenten und ihren Berührungspunkten. PC und PD seien die beiden Tangenten (Fig. 193), C und D ihre Berührungspunkte. d ist der durch P gehende Durchmesser. Nun teilen wir die Tangentenabschnitte PC und PD je in gleich viele unter sich gleiche Teile (in der Figur in 4) und ziehen durch die Teilpunkte *1*, *2*, *3* und *1'*, *2'*, *3'* die Geraden g_1, g_2, g_3 und l_1, l_2, l_3 parallel zu d.

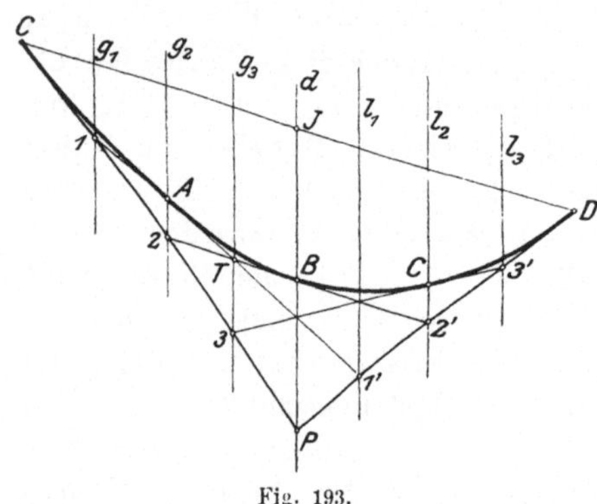

Fig. 193.

Die Parallelen haben gleichen Abstand voneinander.

Wir ziehen von *1* aus die Tangenten an die Parabel. Die eine ist *1C*, die andere hat ihren Berührungspunkt auf g_2. Die eine der beiden Tangenten, die man von *1'* aus ziehen kann, ist *1'D*, die andere hat, wieder nach Satz a des vorigen Abschnitts, ihren Berührungspunkt auf g_2. Da auf g_2 nur ein Parabelpunkt liegen kann und in diesem nur eine Tangente möglich ist, so liegen der Berührungspunkt A und die Punkte *1* und *1'* in einer geraden Linie.

Die zweite von *2* aus gehende Tangente hat ihren Berührungspunkt auf d, ebenso die zweite Tangente, die von *2'* aus geht. Die Punkte *2B2'* liegen in einer Geraden.

Die zweite von *3* aus gehende Tangente berührt die Parabel in einem Punkte auf l_2, ebenso die zweite von *3'* aus gehende. *3*, *C*, *3'* liegen in einer Geraden.

Die Tangenten in A und B schneiden sich in einem Punkte T, der in der Mitte zwischen den Geraden d und g_2, also auf g_3 liegen muß. A ist der Mittelpunkt der Strecke $1T$.

Wir erkennen hieraus die Richtigkeit der viel benutzten Parabelkonstruktion. Fig. 193 und 194. Teile PC und PD in gleich viel gleiche Teile; die Geraden *1*, *1'*; *2*, *2'*; *3*, *3'* usw. sind Tangenten an die Parabel, welche PD und PC in D und C berührt.

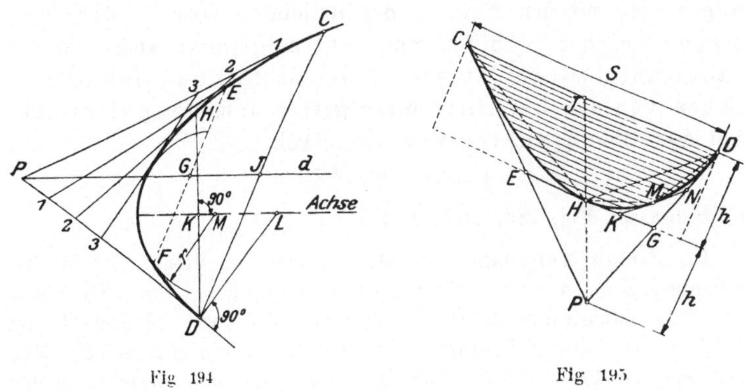

Fig 194   Fig 195

Der Berührungspunkt jeder Tangente liegt in der Mitte des Abschnitts, welcher zwischen der vorhergehenden und nachfolgenden Tangente liegt.

8. Inhalt eines Parabelsegments. Nach den Entwicklungen in Abschnitt 6 ist in Fig. 195 $HJ = HP$; ferner ist $CD = 2 \cdot EG$; somit ist der Inhalt des dem Parabelsegment einbeschriebenen Dreiecks CHD doppelt so groß, wie der des Dreiecks EPG, dessen Seiten Tangentenabschnitte sind. Zieht man $KN \,\|\, HD$ an die Parabel, so ist aus dem gleichen Grunde $\triangle DHM = 2 \cdot \triangle KNG$. Indem man so fort fährt, erhält man immer mehr eingeschriebene Dreiecke, die nach und nach das Parabelsegment vollständig ausfüllen, während die außerhalb der Parabel liegenden Dreiecke gleichzeitig das Flächenstück zwischen den Tangenten PC und PD und dem Parabelbogen immer besser überdecken. Da nun jedes im Parabelsegment liegende Dreieck immer das doppelte von dem entsprechenden außerhalb liegenden Dreieck ist, so ist auch die Summe der einbeschriebenen Dreiecke doppelt so groß wie die Summe der anbeschriebenen, daher ist schließlich das Parabelsegment gleich zwei Dritteln des von der Sehne und den Tangenten in ihren Endpunkten gebildeten Dreiecks oder: Das Parabelsegment ist gleich zwei Dritteln des Parallelogramms oder Rechtecks, das die Sehne s als Seite und die Höhe h des Parabelsegments als Höhe besitzt.

$$J = \frac{2}{3}\, s\, h.$$

9. Krümmungskreis für den Scheitel der Parabel. Wir begnügen uns mit der Angabe des Resultats: Der Radius des Kreises, welcher sich im Scheitel möglichst enge an die Parabel anschmiegt, ist gleich der Entfernung des Brennpunktes von der Leitlinie oder gleich dem doppelten Abstand des Brennpunktes vom Scheitel.

$$r = p = 2\,.\,FS.$$

Siehe die Fig. 186, 191, 194.

10. Einige Aufgaben. a) Man zeichne ein Rechteck mit der Grundlinie $AB = 2\,a = 30$ cm und der Höhe $b = BC = 6$ cm. Die vierte Ecke sei D. Konstruiere einen Parabelbogen, der durch A und B geht und CD in der Mitte O berührt. Der Mittelpunkt von AB sei E. Man zerlege AB in 10 Abschnitte von je 3 cm Länge und errichte in den Teilpunkten Ordinaten $y \perp AB$ bis zur Parabel. Zeige, daß sich jedes y aus $y = b - \dfrac{b}{a^2} \cdot x^2$ berechnen läßt, wenn x den Abstand der Ordinate y von OE bedeutet. Für die gegebenen Zahlen ist $y = 6 - \dfrac{6}{225} \cdot x^2$ oder $y = 6 - \dfrac{8}{300} \cdot x^2$. Setze für x einige Werte ein und prüfe die Resultate durch Nachmessen an der Zeichnung. Der Inhalt des Segments ist 120 cm². Der Abstand des Brennpunktes von O ist $\dfrac{a^2}{4\,b} = 9{,}375$ cm. Krümmungsradius $r = 2\,.\,9{,}375 = 18{,}75$ cm. Zeichne den Kreisbogen durch AOB nach Aufgabe 26, § 14. Welche Bedeutung haben nach der Figur wohl die einzelnen Glieder der in § 10 für ein Kreissegment gegebenen Näherungsformel:

$$J = \frac{2}{3}\, s\, h + \frac{h^3}{2\,s}?$$

b) Es ist der Inhalt der in Fig. 196 gezeichneten Fläche $ABDGC$ zu berechnen. CGD ist ein Parabelbogen, der EF in der Mitte G berührt.

$$\text{Bild der Funktion } y = \frac{ab}{x}.$$

$$J = \text{Trapez} + \text{Parabelsegment} = \frac{y_0 + y_2}{2} \cdot 2x + \frac{2}{3} \cdot 2x \cdot h$$

$$= (y_0 + y_2)\,x + x \cdot \frac{4}{3}\,h = \frac{x}{3}\,(3y_0 + 3y_2 + 4h).$$

Berechnet man h aus $y_0\,y_1\,y_2$ und setzt den Wert ein, so erhält man:

$$J = \frac{x}{3}\,(y_0 + 4y_1 + y_2).$$

Die gleiche Formel gilt, wie man leicht nachweisen kann, auch dann, wenn der Parabelbogen CGD nach unten gekrümmt ist, oder wenn unten und oben Parabelbogen Begrenzungslinien sind.

Auf der abgeleiteten Formel beruht die Simpsonsche Formel (§ 7). Ist nämlich eine krummlinig begrenzte Figur (siehe Fig. 73) zu berechnen, so zerlegt man die ganze Fläche in eine gerade Anzahl gleich breiter Streifen und faßt je zwei aufeinander folgende zu einer Gruppe wie in Fig. 196 zusammen. Die Kurvenbogen, die zwischen den einzelnen Ordinaten liegen, faßt

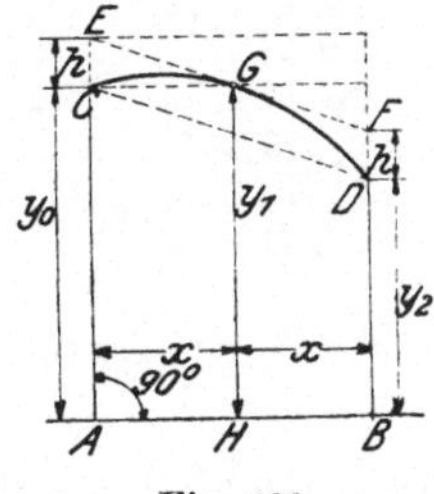

Fig. 196.

man näherungsweise als Parabelbogen auf; es ist dann der Inhalt der ganzen Fläche näherungsweise gegeben durch

$$J = \frac{x}{3}\,(y_0 + 4y_1 + y_2) + \frac{x}{3}\,(y_2 + 4y_3 + y_4) + \cdots,$$

was sich schließlich in die Simpsonsche Formel (§ 7) umformen läßt.

§ 21. Die Hyperbel.

1. Die gleichseitige Hyperbel als Bild der Funktion

$$y = \frac{ab}{x}.$$

In der Fig. 197 ist ein Rechteck mit den Seiten 6 und 8 cm gezeichnet. Eine Ecke O ist als Anfangspunkt eines Koordinatensystems gewählt worden; die von O ausgehenden Rechtecksseiten bestimmen die Richtungen der Koordinatenachsen. P ist die O gegenüberliegende Ecke des Rechtecks. Wir wollen nun mehrere Rechtecke zeichnen, die alle den gleichen Inhalt (6.8 $= 48$ cm²) haben und von denen immer zwei Seiten in den Koordinatenachsen liegen. Unsere Aufmerksamkeit richten wir dabei auf die verschiedenen Lagen der vierten Ecke P. Zur Grundlinie $x = 3$ cm gehört die Höhe $y = \frac{48}{x} = 16\ (P_1)$; zu $x = 4$ gehört $y = \frac{48}{4}$

$= 12 \cdot (P_2)$ usw. Wir finden zu jeder beliebigen Grundlinie x die zugehörige Höhe y aus der Gleichung

$$y = \frac{48}{x} \qquad (1)$$

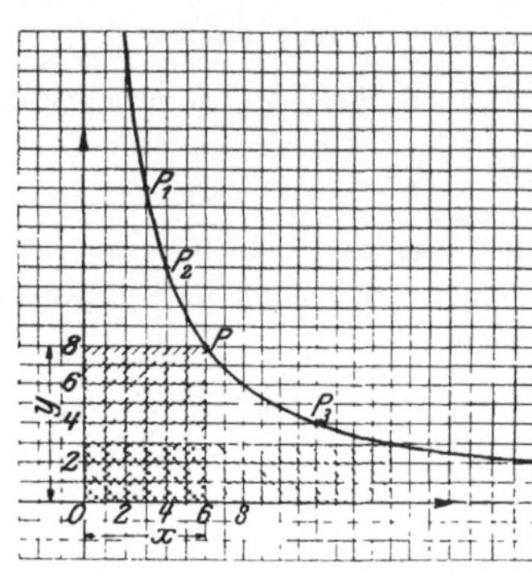

Fig 197.

Je größer wir x wählen, desto kleiner wird y und umgekehrt. Wählen wir x 2, 3, 4 ... n-mal größer als ein gegebenes x, dann werden die y 2, 3, 4 ... n-mal kleiner als das zu dem gegebenen x gehörige y. Man sagt allgemein von zwei Größen x und y, die in einem solchen Zusammenhang stehen, sie seien „umgekehrt proportional". Wächst die eine Größe, z B. x, ununterbrochen, dann sinkt die andere, y, beständig und die Punkte P durchlaufen eine zusammenhängende, stetige Kurve, die man Hyperbel, im besondern „gleichseitige Hyperbel" nennt.

Wählen wir statt 48 cm² einen andern Inhalt, dann erhalten wir wieder eine andere Hyperbel. Sind a und b die Seiten eines Rechtecks, x und y die Seiten eines andern inhaltsgleichen Rechtecks, dann ist immer

$$y = \frac{ab}{x}. \qquad (2)$$

Jeder Gleichung von der Form (2) entspricht in einem Koordinatensystem eine gleichseitige Hyperbel. Die Rechtecke, die man aus den Koordinaten eines beliebigen Punktes der Kurve bilden kann, haben den konstanten Inhalt ab.

2. Erste Konstruktion der Hyperbel. Ist ein Punkt P der Hyperbel im Koordinatensystem gegeben, dann kann man beliebig viele andere nach einer einfachen Konstruktion ermitteln (Fig. 198). Ist P der gegebene Punkt mit den Koordinaten $a = 6$; $b = 8$ cm, dann ziehen wir durch ihn g parallel zur x- und l parallel zur y-Achse. Durch O ziehen wir eine beliebige Gerade, die g in B und l in C schneidet. Zieht man durch C eine Parallele zu g, durch B eine Parallele zu l, so ist der Schnittpunkt D ein Punkt der durch P gehenden Hyperbel.

Beweis: Das Dreieck OCE ist dem Dreieck OBA ähnlich. Daraus folgt $EC:OE = AB:OA$, oder mit Rücksicht auf die Bezeichnungen der Figur $(EC = AD = y)$

$$y:a = b:x,$$

daher ist:

$$y = \frac{ab}{x} = \left[\frac{48}{y}\right].$$

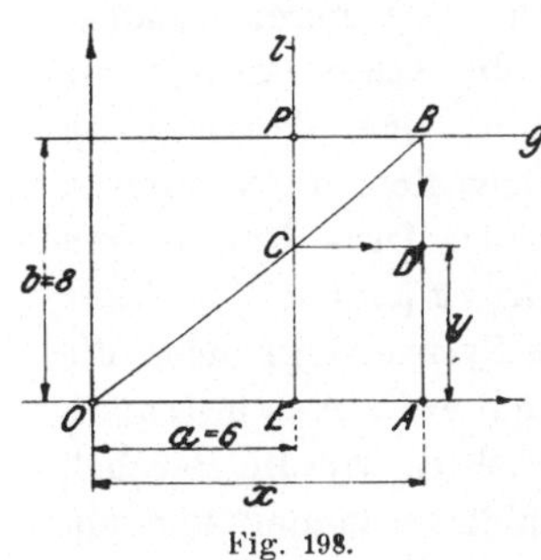

Fig. 198.

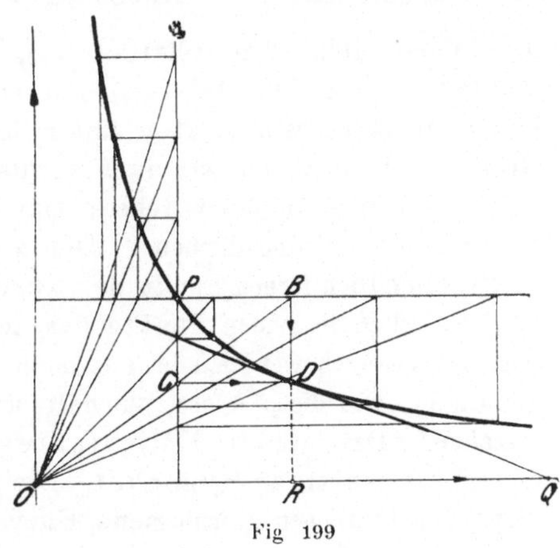

Fig. 199

Indem wir von O aus verschiedene Gerade ziehen und die angegebene Konstruktion wiederholen, erhalten wir beliebig viele **Punkte der Hyperbel** (Fig. 199). Man kann auch B auf g, oder C auf l beliebig wählen, wodurch die Gerade OBC bestimmt ist. **Man kann so für jede beliebige Parallele zur x- oder y-Achse den auf ihr liegenden Hyperbelpunkt bestimmen, sobald P gewählt ist.**

3. Scheitel. Asymptoten. Zu jedem Rechteck $OEAD$ (Fig. 200), dessen längere Seite in der x-Achse liegt, gibt es ein **kongruentes $OGBH$, das die längere Seite in der y-Achse hat. A und B liegen auf der Hyperbel. Die Diagonale OJ des Quadrates, das die beiden Rechtecke gemeinsam haben, geht in ihrer Verlängerung durch den Mittelpunkt C der Sehne AB und steht senkrecht auf ihr. Zu jedem beliebigen Punkte A gibt es also einen zur 45°-Linie symmetrisch gelegenen Punkt B, der auch auf der Hy-**

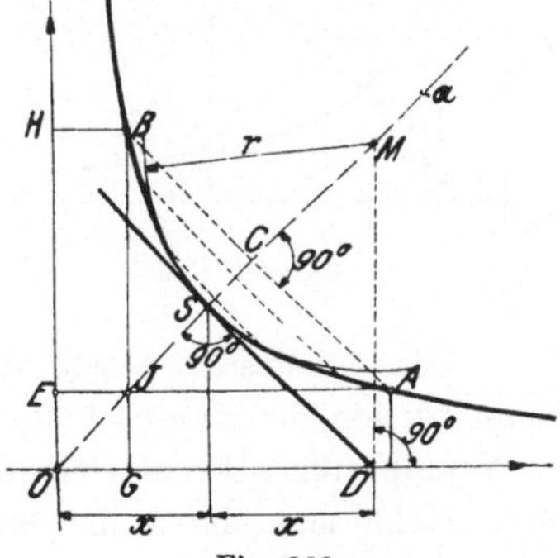

Fig. 200.

perbel liegt. Die 45°-Linie ist eine Symmetrieachse der

ganzen Kurve. Sie schneidet die Hyperbel in einem Punkte S, der Scheitel genannt wird.

Wählt man in der Gleichung $y = \dfrac{48}{x}$ für x der Reihe nach die Werte 100, 1000, 1000000 cm, so werden die zugehörigen $y = 0{,}48,\ 0{,}048,\ 0{,}000048$ cm. Für ein über jeden endlichen Wert hinaus wachsendes x sinkt y unter jede noch so kleine angebbare Größe, d. h. je weiter wir nach rechts gehen, desto enger schmiegt sich die Kurve an die x-Achse; man sagt: die Achse berührt die Kurve erst im Unendlichen. Die x-Achse ist eine Tangente an einen unendlich fernen Punkt der Kurve. Tangenten, die von einem im Endlichen liegenden Punkte aus an unendlich ferne Punkte von Kurven gezogen werden können, nennt man Asymptoten. — Ganz genau so, wie die x-Achse, verhält sich aus Symmetriegründen die y-Achse. Die beiden Koordinatenachsen sind Asymptoten der gleichseitigen Hyperbel. Die Hyperbel ist, wie die Parabel, keine im Endlichen geschlossene Kurve, man kann immer nur ein Stück einer Hyperbel zeichnen.

4. Zweite Konstruktion der Hyperbel. Es sei A in Fig. 201 ein beliebiger Punkt der Hyperbel, aus dem wir nach der ersten Konstruktion einen beliebigen zweiten Punkt B konstruieren. Wir verlängern die Sehne AB bis zu den Schnittpunkten C und D auf den Asymptoten. $AMBR$ ist ein Rechteck und die drei schraffierten Dreiecke sind, wie man leicht erkennen kann, kongruent. Daher ist $AC = BD$, d. h.: zieht man eine beliebige Sekante durch die Hyperbel, so sind die Abschnitte zwischen der Hyperbel und den Asymptoten einander gleich.

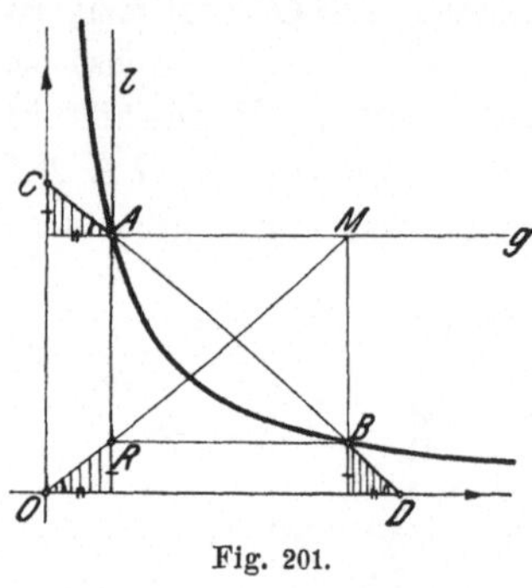

Fig. 201.

Diese bemerkenswerte Eigenschaft kann zu einer zweiten Konstruktion der Hyperbel verwertet werden, sofern ein Punkt und die Asymptoten bekannt sind (Fig. 202). Ist P der gegebene Punkt, dann zieht man durch ihn eine beliebige Gerade und trägt den Abschnitt von P bis zur einen Asymptote auf der gleichen Geraden von der andern Asymptote aus gegen P hin ab. Dabei braucht man die Geraden nicht immer durch den gleichen Punkt P zu ziehen; man kann auch einen der konstruierten Punkte, z. B. P_1, zur Konstruktion neuer Punkte benutzen.

5. Tangente in einem beliebigen Punkte der Hyperbel. Dreht man in Fig. 202 die Sekante PP_1 um P in die Lagen PP_2, PP_3 usw., so rückt der von P verschiedene Punkt immer näher gegen P, bis er schließlich in der Grenzlage mit P zusammenfällt. Die Sekante ist zur Tangente geworden. Der Berührungspunkt P halbiert den zwischen den Asymptoten liegenden Abschnitt der Tangente. Soll also in P die Tangente konstruiert werden, so

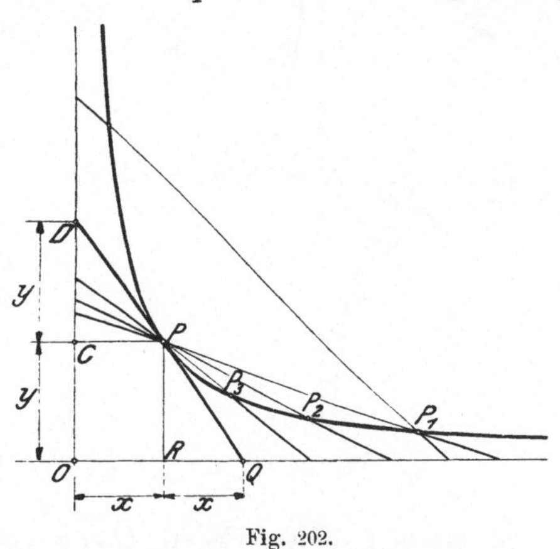

Fig. 202.

zieht man PR parallel zur einen Asymptote, macht $OQ = 2 \cdot OR = 2x$, dann ist PQ die Tangente. Ebenso könnte man PC parallel zur andern Asymptote ziehen. Macht man $OC = CD = y$, dann ist DP die Tangente. Siehe auch die Scheiteltangente in Fig. 200.

6. Vollständige gleichseitige Hyperbel. Mittelpunkt. Zentrische Symmetrie. Berücksichtigt man in der Gleichung $y = \dfrac{48}{x}$ auch negative Werte von x, so erhält man offenbar auch negative Werte von y. Zu $x = -6$ gehört z. B. $y = -8$. Faßt man diese Werte wieder als Koordinaten von Punkten auf, so gelangt man zu Punkten im 3. Quadranten. Zu zwei Abscissen x, die dem absoluten Werte nach gleich, dem Vorzeichen nach aber entgegengesetzt sind, gehören zwei Punkte P und P_1 (Fig. 203), die auf einer durch O gehenden Geraden liegen und es ist $OP = OP_1$, wie sich aus der Kongruenz der schraffierten Dreiecke ergibt. Die den negativen x entsprechenden Punkte liegen auf einer zweiten Kurve, die zu der früher besprochenen zentrisch-symmetrisch liegt. Beide Kurven zusammen bilden erst eine vollständige Hyperbel, während eine Kurve allein ein Hyperbelast genannt wird. O heißt der Mittelpunkt der Hyperbel. Die beiden Äste einer Hyperbel sind in bezug auf den Mittelpunkt O zentrisch-symmetrisch, d. h. der eine Ast kann mit dem andern durch Drehung um 180° zur Deckung gebracht werden.

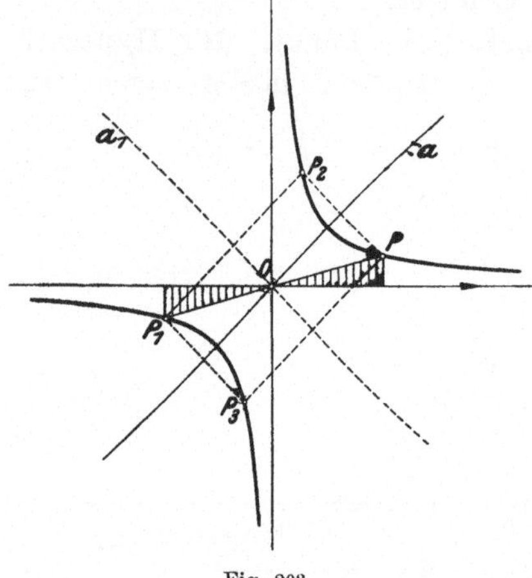

Fig 203.

Es seien in Fig. 204 A und B zwei beliebige Punkte auf einem Hyperbelast. Durch Drehung um 180° um O kommt die Sekante CD in die dazu parallele Lage $C_1 D_1$. $CDC_1 D_1$ ist ein Rhombus, dessen Diagonalen in die Richtung der Asymptoten fallen. Weil $DA = [BC] = B_1 C_1$ ist und DA parallel zu $B_1 C_1$ liegt, ist das Viereck $DAB_1 C_1$ ein Parallelogramm. Es ist also AB_1 parallel zu DC_1. Nun ist das Dreieck DFA ähnlich dem Dreieck DCD_1 und weil $DC = D_1 C$ ist, ist $DA = AF$. Ebenso ist das Dreieck $C_1 B_1 G$ ähnlich dem Dreieck $C_1 D_1 C$ und weil $C_1 D_1 = D_1 C$ ist, ist auch $C_1 B_1 = B_1 G$. Es ist demnach, weil $DA = B_1 C_1$ ist, auch $B_1 G = AF$, d. h. von einem beliebigen

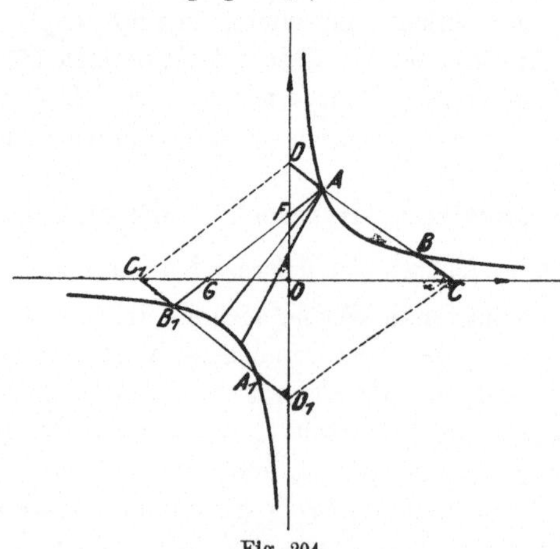

Fig. 204.

Hyperbelpunkt A aus kann man auch den andern Ast der Hyperbel nach der in (4) besprochenen Konstruktion zeichnen.

7. Affine Figuren zu Hyperbeln. Wir beschränken uns im folgenden wieder auf einen Ast der Hyperbel. In Fig. 205 ist aus der Hyperbel I eine zweite Kurve II durch orthogonale Affinität abgeleitet worden. Die horizontale Asymptote ist als Affinitätsachse, die andere als Affinitätsrichtung gewählt worden.

Zwei entsprechende Punkte P_1 und P_2 liegen in einem Lote zur x-Achse. Die Ordinaten aller Punkte auf I sind im gleichen Verhältnis verkürzt worden; in der Figur ist das Affinitätsverhältnis

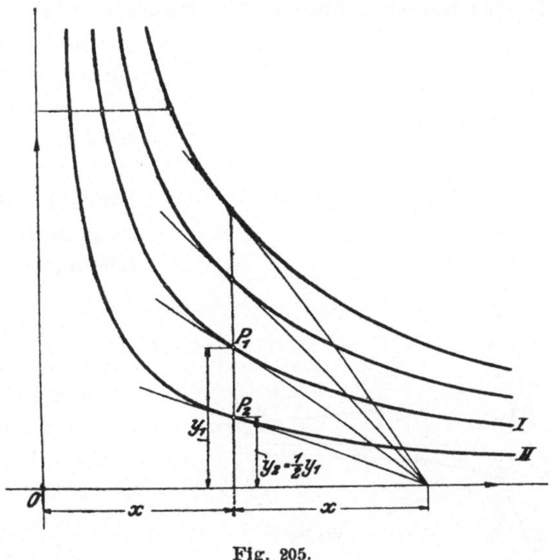

Fig. 205.

$n = \dfrac{1}{2}$. Entspricht etwa die Kurve I der Gleichung $y_1 = \dfrac{48}{x}$, so ist jede entsprechende Ordinate y_2 auf II gegeben durch $y_2 = \dfrac{1}{2}y_1 = \dfrac{24}{x}$, d. h. aber, auch die zweite Kurve ist eine Hyperbel. Die Rechtecke, die aus den Koordinaten irgend eines Punktes auf II gebildet werden können, sind nur halb so groß wie die Rechtecke der ersten Kurve. Ist allgemein n das Affinitätsverhältnis, das von I zu II überführt, und entspricht I der Gleichung $y_1 = \dfrac{ab}{x}$, so entspricht II der Gleichung $y_2 = \dfrac{nab}{x}$. In unserer Figur ist für die Kurve II $n = \dfrac{1}{2}$; für die oberste ist $n = 2$.

Durch die besprochene Affinität erhalten wir demnach alle möglichen gleichseitigen Hyperbeln. Durch jeden Punkt im ersten Quadranten geht nur eine Hyperbel, die die Koordinatenachse zu Asymptoten hat. Entsprechende Tangenten treffen sich auf der Affinitätsachse. Man beweise, daß für die gleichen Hyperbeln auch die y-Achse als Affinitätsachse und die x-Achse als Affinitätsrichtung gewählt werden kann.

Wir wollen nun aus einer Hyperbel I (Fig. 206) durch schiefe Affinität neue Kurven ableiten; sie werden ebenfalls Hyperbeln genannt. Wir wählen die horizontale Asymptote der Hyperbel I zur Affinitätsachse; P_2 sei der entsprechende Punkt zu P_1. $P_1 P_2$ ist dann die Affinitätsrichtung.

Der Ordinate $P_1 Q$ entspricht die Strecke $P_2 Q$. Da die Asymptote u_1 zu $P_1 Q$ parallel ist, ist u_2 parallel zu $P_2 Q$. Wir können sagen, den rechtwinklig aufeinander stehenden Koordinatenachsen $+x$ und u_1 oben entspricht das schiefwinklige Koordinatensystem $+x$ und u_2 unten. Den parallelen Ordinaten y_1 oben entsprechen die parallelen Ordinaten y_2 unten. Da

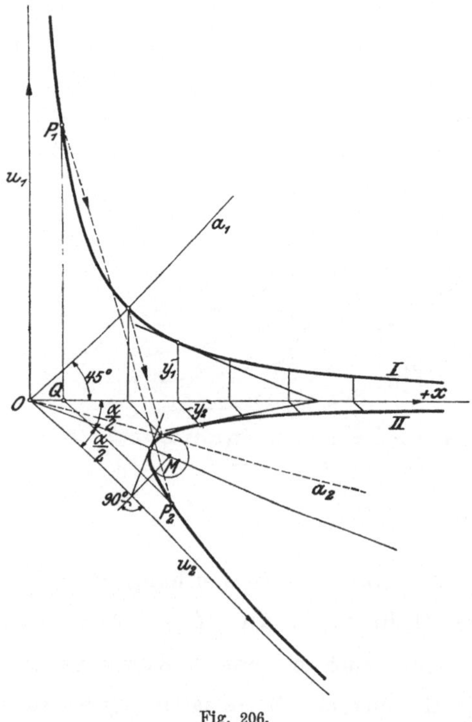

Fig. 206.

nun in affinen Figuren entsprechende Abschnitte auf Parallelen im gleichen Verhältnis stehen, gehen die Ordinaten y_2 aus den entsprechenden y_1 durch Multiplikation mit einem konstanten Faktor k hervor. Es ist also jedes $y_2 = k\,y_1$, wenn y_1 und y_2 die zu den entsprechenden Punkten gehörigen Ordinaten bezeichnen. Dagegen sind

die Abscissen *(x)* entsprechender Punkte die gleichen. Entspricht nun
die obere Kurve I der Gleichung $y_1 = \dfrac{a\,b}{x}$, so entspricht die zweite
der Gleichung $y_2 = k\,y_1 = \dfrac{k\,a\,b}{x}$. Beide Kurven sind also die
Bilder von Gleichungen derselben Form, aber während die eine
Gleichung in einem rechtwinkligen Koordinatensystem gedeutet wird,
wird die andere auf ein schiefwinkliges System bezogen. Die Geraden $+x$ und u_2 sind die Asymptoten der Hyperbel II, was sich
auch wie früher aus der Gleichung $y_2 = \dfrac{k\,a\,b}{x}$ schließen läßt. Jede
Hyperbel, deren Asymptoten schief aufeinander stehen, heißt eine
allgemeine Hyperbel, während jede Hyperbel mit aufeinander
senkrecht stehenden Asymptoten (das war in unsern frühern Figuren
immer der Fall) eine gleichseitige Hyperbel genannt wird.

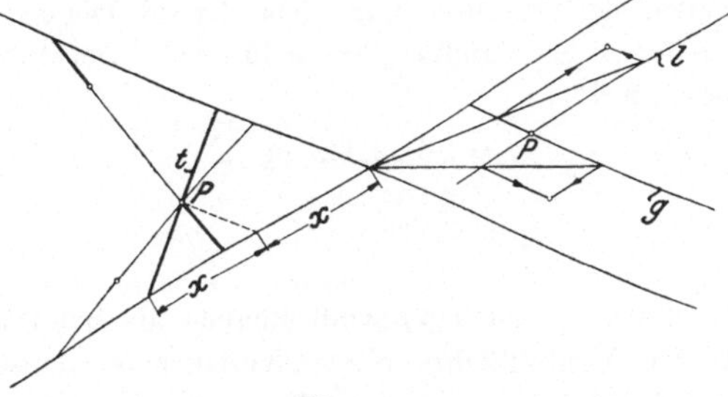

Fig. 207.

Die beiden in Abschnitt 2 und 4 besprochenen Konstruktionen für die gleichseitige Hyperbel können nun
ohne weiteres auf die allgemeine Hyperbel übertragen
werden; denn jene Konstruktionen stützten sich auf das Ziehen
von parallelen Linien, Abtragen gleicher Strecken; aber in affinen
Figuren entsprechen nach § 18 parallelen Linien wieder parallele
Linien und Teilverhältnisse von Strecken gehen nicht verloren.
Siehe Fig. 207 und 199, 202. Winkelteilungen dagegen bleiben im
allgemeinen nicht erhalten. So entspricht der Symmetrielinie der
Hyperbel I nicht etwa die Halbierungslinie des Winkels α (Fig. 206),
dagegen ist diese Halbierungslinie doch wieder eine Symmetrielinie
der Hyperbel II, was sich aus der Hyperbelkonstruktion in Abschnitt 4
leicht folgern läßt; ihr Schnittpunkt mit der Hyperbel wird ebenfalls

10*

Scheitel genannt. Die Scheitel der Hyperbeln I und II sind nicht entsprechende Punkte.

8. Krümmungskreis für den Scheitel einer Hyperbel. Man verlängert die Scheiteltangente (Fig. 200, 206) bis zum Schnitt mit einer Asymptote und errichtet im Schnittpunkt ein Lot auf der Asymptote; es trifft die Halbierungslinie des Asymptotenwinkels im Krümmungsmittelpunkt.

Aufgabe. Die Asymptoten einer gleichseitigen Hyperbel seien die Achsen eines Koordinatensystems. Zeichne die Hyperbel, die durch den Punkt mit den Koordinaten $x = 7$; $y = 8$ cm geht (erste Konstruktion), und prüfe an der Zeichnung, ob die Ordinate eines beliebigen Punktes der Kurve mit dem aus $y = \dfrac{7 \cdot 8}{x} = \dfrac{56}{x}$ berechneten Werte übereinstimmt.

Der Krümmungsradius für den Scheitel ist $r = 10{,}58$ cm.

Ziehe die Ordinaten für die Abscissen $x = 7$ und $x = 17$ cm und berechne nach der Simpsonschen Formel den Inhalt der Fläche, die von diesen Ordinaten, der x-Achse und dem Hyperbelbogen begrenzt ist (10 Flächenstreifen). Man findet $J = \sim 49{,}7$ cm². Der Inhalt ließe sich auch nach der Formel:

$$J = 56 \cdot 2{,}303 \log \frac{17}{7}$$

berechnen.

Ellipse, Parabel und Hyperbel können als Schnittkurven von Ebenen mit der Mantelfläche eines Kreiskegels erhalten werden, weshalb sie auch den gemeinsamen Namen Kegelschnitte führen.

Zusammenstellung der wichtigsten Formeln.

Rechteck. Parallelogramm. $J = g \cdot h.$

Quadrat. $J = s^2 = \dfrac{d^2}{2}; \; d = s\sqrt{2}$ ($d =$ Diagonale).

Rhombus. $J = g h = \dfrac{D d}{2}.$

Tangentenvieleck. $J = \dfrac{u}{2} \cdot r$ ($u =$ Umfang).

Trapez. $J = \dfrac{a+b}{2} \cdot h = m \cdot h$ ($m =$ Mittellinie).

Krummlinig begrenzte unregelmäßige Figuren.

$$J = h \cdot \frac{y_1 + y_2 + \cdots y_n}{n}. \quad \text{(Zweite Trapezformel.)}$$

$$J = \frac{h}{3n}\left[y_0 + y_n + 4\,(y_1 + y_3 + \cdots) + 2\,(y_2 + y_4 + \cdots)\right].$$

Simpsonsche Formel.

Dreieck. $J = \dfrac{g h}{2} = \sqrt{s\,(s-a)\,(s-b)\,(s-c)};$ ($s =$ halber Umfang).

Rechtwinkliges Dreieck.

$$a^2 + b^2 = c^2 \qquad a^2 = p c \qquad b^2 = q c \qquad h^2 = p q,$$

$$J = \frac{a b}{2} = \frac{c h}{2}, \quad \text{daraus folgt } h = \frac{a b}{c}.$$

Rechtwinkliges Dreieck mit den Winkeln 45⁰.

$$\text{Hypotenuse} = \text{Kathete} \times \sqrt{2}.$$

Rechtwinkliges Dreieck mit den Winkeln 30⁰ und 60⁰.

$$\text{Große Kathete} = \text{kleine Kathete} \times \sqrt{3},$$
$$\text{Hypotenuse} = 2 \times \text{kleine Kathete}.$$

Gleichseitiges Dreieck.

$$h = \frac{s}{2}\sqrt{3}, \qquad\qquad J = \frac{s^2}{4}\sqrt{3} = \frac{h^2}{3}\sqrt{3}.$$

Kreis. Umfang $u = 2\pi r = \pi d,$

$$\text{Inhalt } J = r^2 \pi = \frac{d^2}{4}\pi = u \cdot \frac{r}{2},$$

$$\text{Kreisring } J = \pi\,(R^2 - r^2) = u_m \cdot w \quad (u_m = \text{mittlerer Umfang}),$$

$$\text{Bogen } b = \frac{r\pi}{180}\,\alpha^0 = r\,\widehat{\alpha} = \sim \frac{8\,s_1 - s}{3},$$

Bogenmaß und Gradmaß eines Winkels

$$\widehat{\alpha} = \frac{\pi}{180}\cdot\alpha^0 \qquad\qquad \alpha^0 = \frac{180^0}{\pi}\cdot\widehat{\alpha},$$

$$\text{Sektor } J = \frac{r^2\pi}{360}\,\alpha^0 = \frac{b\,r}{2} = r^2\,\frac{\widehat{\alpha}}{2},$$

Kreisringsektor $J = b_m\,.\,w$ $(b_m = \text{mittlerer Bogen})$,

Segment $J = \sim \dfrac{2}{3}\,s\,h$ $(s = \text{Sehne})$,

$$J = \sim \frac{2}{3}\,s\,h + \frac{h^3}{2\,s}.$$

Ellipse. $J = a\,b\,\pi,$

$$u = \sim \pi\,(a + b)\left[1 + \frac{1}{4}\left(\frac{a - b}{a + b}\right)^2\right].$$

Parabelsegment. $J = \dfrac{2}{3}\,s\,h.$

Dreieck und Kreis.

  Inkreis (Winkelhalbierende) $r = J : s,$

  Ankreise (Winkelhalbierende) $r_a = J : (s - a),$

$$r_b = J : (s - b),$$
$$r_c = J : (s - c),$$

  Umkreis (Mittelsenkrechte) $R = \dfrac{a\,b\,c}{4\,J}.$

Ähnliche Figuren. $\dfrac{a}{a_1} = \dfrac{b}{b_1} = \dfrac{c}{c_1} = \ldots = \dfrac{1}{n},$

$$J : J_1 = 1 : n^2 = a^2 : a_1^2 = b^2 : b_1^2 \ldots$$

Die griechischen Buchstaben.

A,	α	Alpha	I,	ι	Iota	P,	ϱ	Rho
B,	β	Beta	K,	$\varkappa$	Kappa	Σ,	σ, ς	Sigma
Γ,	γ	Gamma	Λ,	λ	Lambda	T,	τ	Tau
Δ,	δ	Delta	M,	μ	My	Y,	υ	Ypsilon
E,	ε	Epsilon	N,	ν	Ny	Φ,	φ	Phi
Z,	ζ	Zeta	Ξ,	ξ	Xi	X,	χ	Chi
H,	η	Eta	O,	o	Omikron	Ψ,	ψ	Psi
Θ,	ϑ	Theta	Π,	π	Pi	Ω,	ω	Omega.

I. Bogenlängen, Bogenhöhen, Sehnenlängen und Kreisabschnitte für den Halbmesser = 1.

Zentriwinkel in Grad	Bogenlänge $b:r=\alpha$	Bogenhöhe $h:r$	Sehnenlänge $s:r$	Inhalt des Kreisabschnittes $J:r^2$	Zentriwinkel in Grad	Bogenlänge $b:r=\alpha$	Bogenhöhe $h:r$	Sehnenlänge $s:r$	Inhalt des Kreisabschnittes $J:r^2$
1	0,0175	0,0000	0,0175	0,00 000	46	0,8029	0,0795	0,7815	0,04 176
2	0,0349	0,0002	0,0349	0,00 000	47	0,8203	0,0829	0,7975	0,04 448
3	0,0524	0,0003	0,0524	0,00 001	48	0,8378	0,0865	0,8135	0,04 731
4	0,0698	0,0006	0,0698	0,00 003	49	0,8552	0,0900	0,8294	0,05 025
5	0,0873	0,0010	0,0872	0,00 006	50	0,8727	9,0937	0,8452	0,05 331
6	0,1047	0,0014	0,1047	0,00 010	51	0,8901	0,0974	0,8610	0,05 649
7	0,1222	0,0019	0,1221	0,00 015	52	0,9076	0,1012	0,8767	0,05 978
8	0,1396	0,0024	0,1395	0,00 023	53	0,9250	0,1051	0,8924	0,06 319
9	0,1571	0,0031	0,1569	0,00 032	54	0,9425	0,1090	0,9080	0,06 673
10	0,1745	0,0038	0,1743	0,00 044	55	0,9599	0,1130	0,9235	0,07 039
11	0,1920	0,0046	0,1917	0,00 059	56	0,9774	0,1171	0,9389	0,07 417
12	0,2094	0,0055	0,2091	0,00 076	57	0,9948	0,1212	0,9543	0,07 808
13	0,2269	0,0064	0,2264	0,00 097	58	1,0123	0,1254	0,9696	0,08 212
14	0,2443	0,0075	0,2437	0,00 121	59	1,0297	0,1296	0.9848	0,08 629
15	0,2618	0,0086	0,2611	0,00 149	60	1,0472	0,1340	1,0000	0,09 059
16	0,2793	0,0097	0,2783	0,00 181	61	1,0647	0,1384	1,0151	0,09 502
17	0,2967	0,0110	0,2956	0,00 217	62	1,0821	0,1428	1,0301	0,09 958
18	0,3142	0,0123	0,3129	0,00 257	63	1,0996	0,1474	1,0450	0,10 428
19	0,3316	0 0137	0,3301	0,00 302	64	1,1170	0,1520	1,0598	0,10 911
20	0,3491	0,0152	0,3473	0,00 352	65	1,1345	0,1566	1,0746	0,11 408
21	0,3665	0,0167	0,3645	0,00 408	66	1,1519	0,1613	1,0893	0,11 919
22	0,3840	0,0184	0,3816	0,00 468	67	1,1694	0,1661	1,1039	0,12 443
23	0,4014	0,0201	0,3987	0,00 535	68	1,1868	0,1710	1,1184	0,12 982
24	0,4189	0,0219	0,4158	0,00 607	69	1,2043	0,1759	1,1328	0,13 535
25	0,4363	0,0237	0,4329	0,00 686	70	1,2217	0,1808	1,1472	0,14 102
26	0,4538	0,0256	0,4499	0,00 771	71	1,2392	0,1859	1,1614	0,14 683
27	0,4712	0,0276	0,4669	0,00 862	72	1,2566	0,1910	1,1756	0,15 279
28	0,4887	0,0297	0,4838	0,00 961	73	1,2741	0,1961	1,1896	0,15 889
29	0,5061	0,0319	0,5008	0,01 067	74	1,2915	0,2014	1,2036	0,16 514
30	0,5236	0,0341	0,5176	0,01 180	75	1,3090	0,2066	1,2175	0,17 154
31	0,5411	0,0364	0,5345	0,01 301	76	1,3265	0,2120	1,2313	0,17 808
32	0,5585	0,0387	0,5513	0,01 429	77	1,3439	0,2174	1,2450	0,18 477
33	0,5760	0,0412	0,5680	0,01 566	78	1,3614	0,2229	1,2586	0,19 160
34	0,5934	0,0437	0,5847	0,01 711	79	1,3788	0,2284	1,2722	0,19 859
35	0,6109	0,0463	0,6014	0,01 864	80	1,3963	0,2340	1,2856	0,20 573
36	0,6283	0,0489	0,6180	0,02 027	81	1,4137	0,2396	1,2989	0,21 301
37	0,6458	0,0517	0,6346	0,02 198	82	1,4312	0,2453	1,3121	0,22 045
38	0,6632	0,0545	0,6511	0,02 378	83	1,4486	0,2510	1,3252	0,22 804
39	0,6807	0,0574	0,6676	0,02 568	84	1,4661	0,2569	1,3383	0,23 578
40	0,6981	0,0603	0,6840	0,02 767	85	1,4835	0,2627	1,3512	0,24 367
41	0,7156	0,0633	0,7004	0,02 976	86	1,5010	0,2686	1,3640	0,25 171
42	0,7330	0,0664	0,7167	0,03 195	87	1,5184	0,2746	1,3767	0,25 990
43	0,7505	0,0696	0,7330	0,03 425	88	1,5359	0,2807	1,3893	0,26 825
44	0,7679	0,0728	0,7492	0,03 664	89	1,5533	0,2867	1,4018	0,27 675
45	0,7854	0,0761	0,7654	0,03 915	90	1,5708	0,2929	1,4142	0,28 540

Zentriwinkel in Grad	Bogenlänge $b:r=\overset{\frown}{a}$	Bogenhöhe $h:r$	Sehnenlänge $s:r$	Inhalt des Kreisabschnittes $J:r^2$	Zentriwinkel in Grad	Bogenlänge $b:r=\overset{\frown}{a}$	Bogenhöhe $h:r$	Sehnenlänge $s:r$	Inhalt des Kreisabschnittes $J:r^2$
91	1,5882	0,2991	1,4265	0,29 420	136	2,3736	0,6254	1,8544	0,83 949
92	1,6057	0,3053	1,4387	0,30 316	137	2,3911	0,6335	1,8608	0,85 455
93	1,6232	0,3116	1,4507	0,31 226	138	2,4086	0,6416	1,8672	0,86 971
94	1,6406	0,3180	1,4627	0,32 152	139	2,4260	0,6498	1.8733	0,88 497
95	1.6581	0,3244	1,4746	0,33 093	140	2,4435	0,6580	1,8794	0,90 034
96	1,6755	0,3309	1,4863	0,34 050	141	2,4609	0,6662	1,8853	0,91 580
97	1,6930	0,3374	1,4979	0,35 021	142	2,4784	0,6744	1,8910	0,93 135
98	1,7104	0,3439	1,5094	0,36 008	143	2,4958	0,6827	1,8966	0,94 700
99	1,7279	0,3506	1,5208	0,37 009	144	2,5133	0,6910	1,9021	0,96 274
100	1,7453	0,3572	1,5321	0,38 026	145	2,5307	0,6993	1.9074	0,97 858
101	1,7628	0,3639	1,5432	0,39 058	146	2,5482	0,7076	1,9126	0,99 449
102	1,7802	0,3707	1,5543	0,40 104	147	2,5656	0,7160	1,9176	1.01 050
103	1,7977	0,3775	1,5652	0,41 166	148	2,5831	0,7244	1,9225	1,02 658
104	1,8151	0,3843	1,5760	0,42 242	149	2,6005	0,7328	1,9273	1,04 275
105	1,8326	0,3912	1,5867	0,43 333	150	2,6180	0,7412	1,9319	1,05 900
106	1,8500	0.3982	1,5973	0,44 439	151	2,6354	0,7496	1,9363	1,07 532
107	1,8675	0,4052	1,6077	0,45 560	152	2,6529	0,7581	1,9406	1,09 171
108	1,8850	0,4122	1,6180	0,46 695	153	2.6704	0,7666	1,9447	1,10 818
109	1,9024	0,4193	1,6282	0,47 844	154	2,6878	0,7750	1,9487	1,12 472
110	1,9199	0,4264	1,6383	0,49 008	155	2,7053	0,7836	1,9526	1,14 132
111	1,9373	0,4336	1,6483	0,50 187	156	2,7227	0,7921	1.9563	1,15 799
112	1,9548	0,4408	1,6581	0,51 379	157	2,7402	0.8006	1,9598	1,17 472
113	1,9722	0,4481	1,6678	0,52 586	158	2,7576	0,8092	1,9633	1,19 151
114	1,9897	0,4554	1,6773	0,53 807	159	2,7751	0,8178	1,9665	1.20 835
115	2,0071	0,4627	1,6868	0,55 041	160	2,7925	0,8264	1,9696	1,22 525
116	2,0246	0,4701	1,6961	0,56 289	161	2,8100	0,8350	1.9726	1,24 221
117	2,0420	0,4775	1,7053	0,57 551	162	2,8274	0,8436	1,9754	1,25 921
118	2,0595	0,4850	1,7143	0,58 827	163	2,8449	0,8522	1,9780	1,27 626
119	2,0769	0,4925	1,7233	0,60 116	164	2,8623	0,8608	1,9805	1,29 335
120	2,0944	0,5000	1,7321	0,61 418	165	2,8798	0,8695	1,9829	1,31 049
121	2,1118	0,5076	1,7407	0,62 734	166	2.8972	0,8781	1,9851	1,32 766
122	2,1293	0,5152	1,7492	0,64 063	167	2,9147	0,8868	1,9871	1,34 487
123	2,1468	0,5228	1,7576	0,65 404	168	2,9322	0,8955	1,9890	1,36 212
124	2,1642	0,5305	1,7659	0,66 759	169	2,9496	0,9042	1,9908	1,37 940
125	2,1817	0,5383	1,7740	0,68 125	170	2,9671	0,9128	1,9924	1,39 671
126	2,1991	0,5460	1,7820	0,69 505	171	2,9845	0,9215	1,9938	1,41 404
127	2,2166	0,5538	1,7899	0,70 897	172	3,0020	0,9302	1,9951	1.43 140
128	2,2340	0,5616	1,7976	0,72 301	173	3,0194	0,9390	1,9963	1,44 878
129	2,2515	0,5695	1,8052	0,73 716	174	3,0369	0,9477	1,9973	1,46 617
130	2,2689	0,5774	1,8126	0,75 144	175	3,0543	0,9564	1,9981	1,48 359
131	2,2864	0,5853	1,8199	0,76 584	176	3,0718	0,9651	1,9988	1.50 101
132	2,3038	0,5933	1,8271	0,78 034	177	3,0892	0,9738	1,9993	1,51 845
133	2,3213	0,6013	1,8341	0,79 497	178	3,1067	0,9825	1,9997	1,53 589
134	2,3387	0,6093	1,8410	0,80 970	179	3,1241	0,9913	1,9999	1,55 334
135	2,3562	0,6173	1,8478	0,82 454	180	3,1416	1,0000	2,0000	1,57 080

II. Bogenlängen für Minuten.

Minuten	Bogen-maß	Grad	Minuten	Bogen-maß	Grad	Minuten	Bogen-maß	Grad
1	0,0003	0,017	21	0,0061	0,350	41	0,0119	0,683
2	0,0006	0,033	22	0,0064	0,367	42	0,0122	0,700
3	0,0009	0,050	23	0,0067	0,383	43	0,0125	0,717
4	0,0012	0,067	24	0,0070	0,400	44	0,0128	0,733
5	0,0015	0,083	25	0,0073	0,417	45	0,0131	0,750
6	0,0017	0,100	26	0,0076	0,433	46	0,0134	0,767
7	0,0020	0,117	27	0,0079	0,450	47	0,0137	0,783
8	0,0023	0,133	28	0,0081	0,467	48	0,0140	0,800
9	0,0026	0,150	29	0,0084	0,483	49	0,0143	0,817
10	0,0029	0,167	30	0,0087	0,500	50	0,0145	0,833
11	0,0032	0,183	31	0,0090	0,517	51	0,0148	0,850
12	0,0035	0.200	32	0,0093	0,533	52	0,0151	0,867
13	0,0038	0,217	33	0,0096	0,550	53	0,0154	0,883
14	0,0041	0,233	34	0,0099	0,567	54	0,0157	0,900
15	0,0044	0,250	35	0,0102	0,583	55	0,0160	0,917
16	0,0047	0,267	36	0,0105	0,600	56	0,0163	0,933
17	0,0049	0,283	37	0,0108	0,617	57	0,0166	0,950
18	0,0052	0,300	38	0,0111	0,633	58	0,0169	0,967
19	0,0055	0,317	39	0,0113	0,650	59	0,0172	0,983
20	0,0058	0,333	40	0,0116	0,667	60	0,0175	1,000

Bogenlängen für Sekunden.

Sekunden	Bogenmaß
10″	0,000 05
20″	0,000 10
30″	0,000 15
40″	0,000 19
50″	0,000 24

Viel gebrauchte Zahlenwerte.

$$\pi = 3,1416 = \sim 3^1/_7, \qquad \sqrt{2} = 1,4142.$$

$$\frac{1}{\pi} = 0,3183, \qquad \sqrt{3} = 1,73205.$$

$$\frac{\pi}{180} = 0,01745, \qquad \sqrt{5} = 2,2361.$$

$$\frac{180}{\pi} = \varrho^0 = 57,2958^0 = \sim 57,3^0, \qquad \sqrt{6} = 2,4495.$$

Alphabetisches Inhaltsverzeichnis.